让心安住，有爱的房子才是家

[日]原村阳子 著
王歆慧 译

「好き」から始める暮らしの片づけ

四川科学技术出版社

真心热爱的事物，实际上是少之又少的，

无论是房间、衣着，还是工作和人际交往，

一切都应按照自己的喜好来安排。

序言 *Préface*

非常感谢大家购买这本书，我是作者原村阳子。

我从事着生活顾问的工作，通过收纳整理、服装造型、陪人逛街等各种服务，帮助女性活出自己的个性。

相信正在阅读这本书的你，一定是一位勤奋努力又可爱的女性。

“想要将房间整理得漂漂亮亮的”“想要改善自己的生活”……大家一定都有这样的想法吧！我认为每一个能够坦率地提出奋斗目标的人，都是非常出色的。

我想给许许多多出色的女性提供建议，让你们的生活变得丰富多彩，每个人都能成为一个王国的公主。你们的家就是一座城堡。只有能让你变得神采奕奕的事物，才有资格进入那片神圣的领域。只有你在此刻真心喜欢的、陶醉其中的、满怀期待的事物，才能使你幸福，支撑你的生活。反之，即便你拥有巴卡拉或香奈儿等昂贵的商品，倘若它们不但无法给你带来欢乐，反而给你带来困扰，那么绝对不要将它们放进去！

为此你需要舍弃很多东西。可不要舍不得，因为站在另一种角度来看，你是幸运的。你所拥有的一切，都能够证明你获得了上天的眷顾，满怀幸运。希望你能认识到这个事实，而不要总是面对无用之物扼腕叹息。

希望你能回想起自己为了家务和工作付出了多少努力。

希望你能玩转流行服饰，提高审美水平。

希望你能有一副健康的身体，享受兴趣爱好。

希望你能注意到你的家里堆积着许许多多的无用之物。

收纳整理不是目的，只是促使你成为一“城”之主的一项工程罢了。物品至多能充当小配角，如何主宰自己的人生只能由你自己来决定。

这本书正是城堡的看守者。如果我的文字能够传达给你们，并且能对你们的生活产生积极的影响，我必将感到万分荣幸。

孩子茁壮成长，
一家人其乐融融，我也气定神闲。
⇐
乐于当下，放下过去的烦忧，
对于未来的不安也会消失殆尽。
⇐
无用之物将会自然减少，
不再需要收拾整理。
『我』才能享受生活的乐趣。

按照书里介绍的方法操作，大家能找到真心热爱的事物。同时，不会再像从前一样因无法好好整理而饱受折磨，轻松主宰自己的生活将不再是梦想。

人生的主角不是物品，而是『我自己』。⇐

只需选取你自己在当下热爱的事物。⇐

真心热爱的事物，实际上少之又少。⇐

因此，不需要掌握过多的收纳技巧。⇐

将热爱的事物融入生活，⇐

给生活中的工作排序，

家务活和育儿都会变得轻松。⇐

目录 Contents

Part 1 正因为“热爱”，才能轻松自如 整理与收纳

Part 2 减轻负担，放松身心

每天的家务活

Part 3 挑选中意的服装，取悦自己

穿着搭配

Contents

Part 4 掌握有效的社交技巧，和“棘手”说再见

人际交往

Contents

在开始整理房间之前

至今为止，向我咨询收纳整理服务的顾客的年龄上至七十多岁，下至二十多岁。大部分顾客都是女性，无论经历了多少岁月，在我看来她们都是可爱的女孩子。虽然她们非常擅长照顾丈夫和孩子，却总是将自己放在最后。我想说，你们可以稍微自私一点哦。

当然，我深知其中缘由。由于一直受到根植于女性心中的固定观念的影响，女性无法优先满足自己，而总是迁就别人。比如，母亲应会待人接物，不能浪费东西，要小心谨慎地生活。如此一来，一个人便会在无形之中陷入僵局，面对任何事情都会套入概念：“必须做”“不得不做”。结果，甚至就连真心想做的事情也会抛之脑后。如上所述，太多人都意识不到深藏在体内的潜力，就这样度过了无趣的一生。

你内心的真实愿望究竟是什么？为了找到隐藏在内心的愿望，我首先建议大家将居住空间整理妥帖，然后按照愿景图打造你所想要的空间（请参照 P35~37 的内容。从图书或杂志中剪下自己喜欢的照片，将它们的共同点整理成图表）。在一个充满了你所热爱的物品的空间里生活，你将逐渐成为自己理想中的样子，同时能够获得

自己的人生由自己来主宰。
任性地享受生活吧

在打造一个舒适的居住空间的过程中，你会找到埋藏于内心深处的愿望。而此刻我最想做的事情，就是同爱人一起在白天共饮啤酒！

自我肯定。简而言之，认可当下的自己，你就能产生自信。于是，你会挣脱一直束缚着自己的陈规旧矩，解开被封印在心底的真实想法，逐渐找到真心热爱、真心想做的事情。举个例子，我指的并不是在整洁的房间里召集朋友开茶会之类的浮于表面的事情，而是你想要将居住环境打造成什么样子。比如将房间的墙壁全部刷白，在家看一天以前录好的电视剧……你会发现，你所做的事情皆是来自于真心的愿望。

只要你了解自己真正喜欢的事物和想去做的事情，挑选物品与使用时间的方式都会发生戏剧性的变化。你将不会再被物品或时间折腾得团团转，而是翻身做主角，主宰自己的人生。这份难能可贵的充实感将推动你尽情享受当下的生活。

在开展这份事业之前，我的家里塞满了东西。我埋在书堆里工作，受到“健康潮”的影响，一边啃食着“益寿”食品，一边搜购流行服装。像我这样，认为“成年女性应该懂十八般武艺”，并且涉猎多个领域的女性，就叫作“拼命三娘”。

在这个人人都被铺天盖地的信息包围的时代，我感觉众多女性都成了“拼命三娘”。我明白大家都是充满上进心的努力拼搏的人。正因如此，我才感到非常担忧。我想问，你们是发自内心地憧憬这样的生活吗？如果只是为了迎合社会潮流而被迫违背自己的内心，那么最终只是苦了自己。

在众多“拼命三娘”之中，一部分人被卷入“精致生活的战争”。大家争先恐后地展示自己手工制作的糕点、孩子的衣服、款待客人的菜品，以及修理道具的手艺，等等。在我的女儿还小的时候，我

你也是『拼命三娘』吗？从『精致生活』中毕业

来不及准备晚餐时，我会用大勺捞一些豆腐放进锅里煮着吃。豆腐很容易煮熟，所以孩子不需要等待太久时间，吃饭时不慌不忙的，餐桌上洋溢着愉快的气氛。

也为她制作了不少裙子和发饰。由于我是服装设计科班出身，所以陷入了一种怪圈，仿佛不做点什么就不能证明自己也过着精致的生活。虽然现在我已经放下了锁缝机，但是至今仍然有可能被卷入“精致生活的战争”。

此外，我本人因为“圣母症候群”受了不少苦。作为一名全职太太，带孩子去公园玩，然后将孩子带回家睡午觉，工作便算是告一段落了。当时，我给自己制定了一条规则：作为一名母亲，就应该在家里亲手做饭给孩子吃。这个规则束缚了我很久。直到某一天，我决定在公园附近的超市里购买饭团，和孩子一起在公园吃午餐。于是，我从“不得不做”的束缚之中解脱出来，育儿变得更加愉快，而我肩上的担子也轻松了不少。

工作、家务活、育儿，再加上网络社交……一切都让人应接不暇，而大家的时间都是非常有限的。如果你正在享受当下的生活，从事着自己真心喜欢的工作，那么你是非常优秀的。但是如果你并没有在享受生活，那么或许你需要退出“精致生活的战争”，并且戒掉“圣母症候群”。

在上一页中，我向大家举例说明了“精致生活的战争”和“圣母症候群”，它们分别体现了一个人受到“必须做”和“不得不做”的束缚时的情况。若是受到这类想法的束缚，就很难察觉到自己的本质，并且容易忘记真正热爱以及想要做的事情。更重要的是，过度努力做家务或是育儿，结果往往是折磨自己。为了让自己从“必须做”和“不得不做”的束缚中解放出来，就要选择一条捷径——寻找自己所热爱的事物。比如，你是否喜欢现在正在使用的垃圾箱或纸巾盒，如果答案是否定的，请暂时抛弃它。然后，整理身边的东西，从家里现有的中意的物品之中，进一步挑选合适的替代品。篮子、盒子、陶器……其中是否有合适的替代品呢？顺便一提，我家的纸巾盒是陶器，垃圾桶是花瓶和文件筐。只要形状、容量、材料合适的话，可以用任何东西取而代之。我不会迁就并不喜欢的事物，即便它本身就是垃圾箱。打破产品分类的局限性，可以用来训练直视某件物品的能力。进一步而言，我会继续往前踏出一步，思考“垃圾箱这种东西真的有必要存在吗？”于是，我得出一个结论：说不定我们并不需要使用专门的垃圾箱来装垃圾。如此案例，在这个世界上比比皆是。

除了物品之外，我们也可以对一些“存在即合理”的习惯和惯例发表疑问。我正在做如下几种实践案例：

● 穿过的衣服必须拿去洗。→只要衣服没有弄脏，暂时不洗也没关系吧？

● 晚饭必须做上几道菜。→豆腐和腌菜也算是两道菜！

通过质疑一些“必须做”和“不得不做”的事情，我们就能从中找出不需要做的事情以及不需要准备的物品。让我们承认自己已经足够努力，解开多余的束缚吧！

大家觉得照片里的粉色短裙怎么样？“虽然很可爱，但是粉色不适合我吧”，“如果我能更年轻一些，说不定能试试”。若是直接说出你的忧虑，相当于否定未知而广阔的可能性，反而会锁住自己的愿望。

虽然谦逊是一种宝贵的文化，但如果总是低估自己，未免太可

主动质疑“存在即合理”！
打破分类的局限性

惜了。要主宰自己的人生，头等大事就是找出“让步”的潜意识，连根拔起将它除掉。

为此，首先应该从肯定自己，原谅自己开始。

比如，你看到房间很乱的样子会产生罪恶感。或许你可以换一种思考方式，使自己摆脱那种罪恶感。你不是吊儿郎当的家伙，不是懒虫，也不是不会收纳整理的女人。

一个人越是努力，就越容易谦逊，不擅长承认自己的努力。一开始，你或许会羞于承认自己的努力，但是我们可以像下面这样练习联想：

● 把孩子狠狠地训斥了一通。→爱之深责之切。

● 待人粗鲁。→与对方保持着能够撒娇的关系。

● 完全不懂如何使用烤面包机。→附近有一家面包店，那里的面包很好吃，我住在这里真幸运啊。

●不擅长烹饪。→即便如此，我每天都会为家人烹饪料理，我真了不起！

认同当下的自己，抛弃“让步”的意识，你才能在今后找到藏在内心的真实愿望。你要相信你一定能找到适合当下的生活方式。

舍弃『凡事适度』的想法，解放自己的欲望吧

当我小心翼翼地试穿这条粉色短裙时，受到正在上小学2年级的女儿的赞美。“妈妈很可爱哟”——这一句话使我立刻解放了内心的欲望！

顺便介绍我现在喜爱的物品

令人心情愉快的米色上衣

我喜欢这件衣服的式样和布料，穿上衣服相当于穿上喜悦

拾起掉落在地上的干果，带回家把玩

源于大自然的小巧装饰物，唤起我在散步时的愉快回忆

一盏能够在一瞬间打造美妙空间的灯

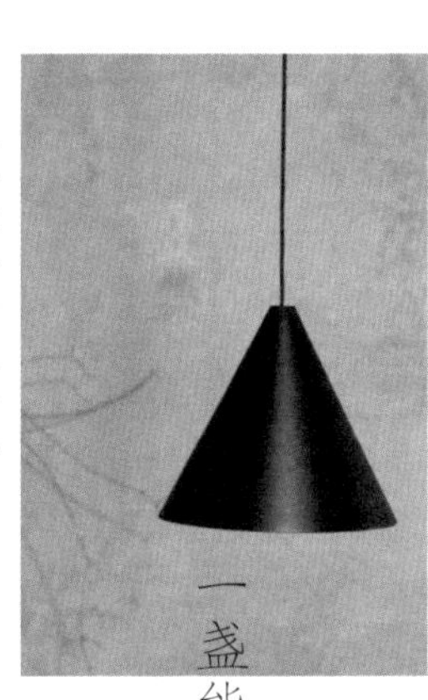

点亮这盏设计得完美无缺的灯，整个房间将焕发出生命的活力

使烹饪变得有趣的三角形角落

按照我的创意，用杂货店买来的容器当作垃圾桶

用酒杯品尝开胃菜

巧妙地用价值100日元的玻璃杯盛装菜品，活跃用餐氛围

Part 1

正因为“热爱”，才能轻松自如

整理与收纳

“热爱”高于一切

我以前的职业是日用品设计师。我开发了许许多多便宜又方便的日用品。从这份工作中我学到了一个道理：物品终究是物品，不过是人类为了舒适过日子而利用的道具罢了。希望大家不要因广告、媒体以及收纳整理的风潮而迷失自己，一定要选择自己真心热爱的事物。

明明不喜欢某件物品却要一直使用，那么这便是对自己的一种亵渎。请好好珍惜自己。女性总是习惯把自己放在最低处，将真正热爱的事物封印起来。如果你想要改变自己，你需要了解自己所热爱的事物。为此，我建议大家制作一份愿景图（P35~37）。

收集自己所热爱的事物，分析它们的共同点，构成一张愿景图。

然后，按照图表做出选择，就能明确你所热爱的事物。并且，你会发现在整个家里只能找到很少一部分，大约占所有物品的 20%。我称它们为黄金选项，称它们以外的物品为镀金选项。

黄金选项仅仅占据 20% 的分量，根本不需要用任何技术或是家具来收纳。因此，只要了解自己真心热爱的事物，从此收纳整理将不再是你的负担。

理清时间和愿望，了解自身的需求

[理清时间]

将每天从起床到就寝的时间按照 30 分钟一节的方式分段，并列出每个节点的任务。

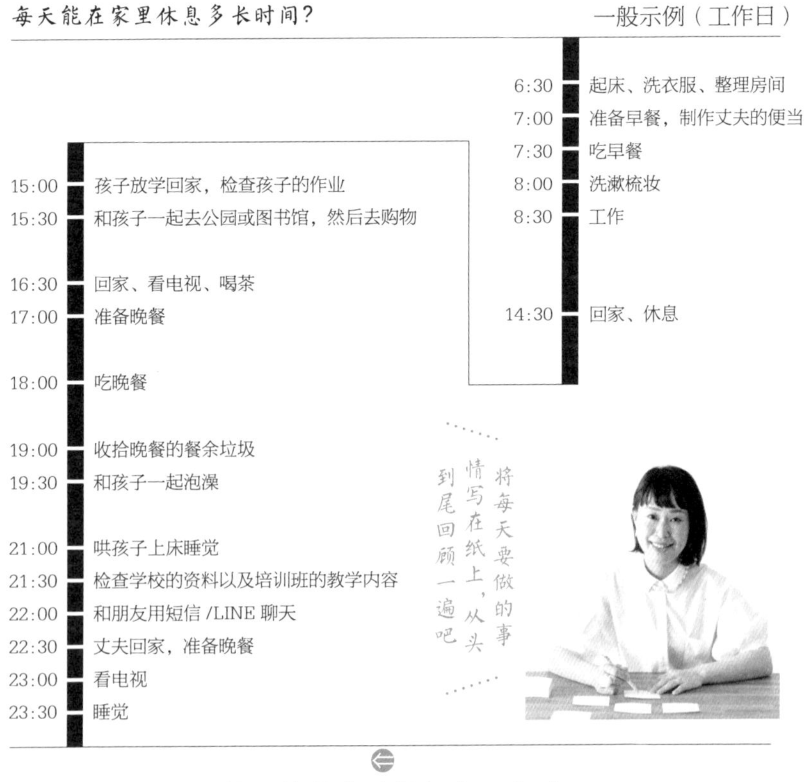

工作日的休息时间仅有 2 小时。
我要自觉安排好休息以及做家务的时间！

除了属于自己的时间之外，还要掌握孩子的玩耍时间以及丈夫待在家里的时间。

女性都是忙碌的“拼命三娘”。因此，在开始着手做家务之前，不妨先整理好自己的时间以及欲求吧。

首先是时间。通过每天的时间表来把握时间的使用方式吧。大家每天必定会在家务和育儿方面花费大量时间，在夹缝中能挤出休息的时间吗？

其次是欲求。女性总是不自觉地隐藏自己的年龄和收入。然而，我认为大家并不需要隐藏真实的想法及情绪，不妨将一切不满和担忧向亲朋好友倾诉。

最后，自我疗愈也是不可或缺的。下面，我向大家介绍一个简单的方法。在日常生活的片段中搜索能让你感到心情愉快的闪光点，加以利用必定能发挥作用。举个例子，如果每天属于自己的时间只有 30 分钟，那么就要回头想想如何才能使自己放松身心。例如在浴缸里混入你喜欢的香氛，泡一会儿半身浴。

当你将时间以及欲求整理得清清楚楚，你会发现你竟然完全不了解自己。想要了解自己并不是难事，通过回顾往日点滴，能帮助你探索潜藏在内心深处的欲求。

[整理欲求]

按照 P28 的流程，由上到下列出解决问题的过程。首先，遵从你的情绪写下欲求和感受，然后冷静地回顾每个阶段所做的事情。

在你填满空格的过程中，焦虑和烦恼会逐渐转变成希望。

		例 1	例 2	例 3
想到什么直接写下来	烦恼、生气的原因是什么？	家人总是不知道东西放在哪里	想要将室内装饰统一成可爱风	虽然很讨厌灰尘，但是不想打扫
	试着向家人提出要求	希望他们记住东西摆放的位置	丈夫的架子很碍事。希望他能清理掉	丈夫总是不认真用吸尘器打扫卫生，希望他能认真一点儿
冷静地回顾前面所想到的事情吧	自己能做到什么？	告诉他们东西都放哪里了	拜托丈夫扔掉架子	希望他能打扫干净指定位置的卫生
	此刻心情如何？	不知该把东西放到哪里。实际上家人都不擅长收纳	再三恳求，丈夫也不肯扔掉。请倾听我的要求呀	想住在干净的家里
	那么，具体该怎样去做？	我的记忆力也不是特别好，不如同家人一起商量更为合适的方案	整理架子上的东西，准备好收纳的位置	丈夫和我都不擅长用吸尘器打扫卫生。将地板上的植物放到架子上面
	得出结论……	收纳的重任全部交给我的话，可能会忙不过来。和家人一起商量吧	偷偷将我的私人物品和架子上的物品整理到一起	我爱干净，所以我要将这个家整理得妥妥帖帖，方便打扫卫生

如此一来，“想做的事”以及“能够做到的事”
就会展现在你的眼前！

描绘“10年后的我”，探索当下的目标

举个例子，按照过去的生活习惯，我会规定每隔一段时间整理一次房间。但是，实际上并不是非得在某一刻完成任务。我们可以制订10年的生活计划，用较长的跨距分割日程。与此同时，根据家人的生活习惯，思考当下需要做的事情。

参照P32～33的内容，将家人在未来10年的愿景写出来。或许你会认为一定要写宏大的目标，但是恰恰相反。写下愿景的目的是为了探索自己的内心。所以没必要给自己设置根本够不到的目标。

首先写下自己和家人的年龄吧。写下家人的年龄，就能把握好孩子的入学以及丈夫的退休时间。比如在孩子学龄前准备好儿童卧室，避免手忙脚乱。看似简单的愿景图，能帮助我们更好地把握时机，同时明确现在必须做的事情。

通过规划将来的目标，就能减少对未来怀抱的不安与焦虑，愉快地享受当下的生活。

[家人的10年生活计划]

首先，写好年份和时间，然后填写你的愿望。

如果一时半会儿想不到具体的内容，不妨先填满家人的格子。不必强迫自己填满每一个格子。

	自己	长女	长男	丈夫
2017年	**36岁** 想趁着儿童免票期间出去旅行	**4岁（中班）**	**1岁**	**40岁** 想开始跑步
2018年	**37岁** 想去咖啡店或杂货店打工，还想去沿线的商店里逛街	**5岁（大班）**	**2岁** 想认识一些主妇朋友	**41岁** 想去爬山
2019年	**38岁** 到了夏天，或许只能在上午到中午期间打工	**6岁（小学入学）** 将玩具从起居室移动到儿童卧室	**3岁（进入幼儿园）** 将玩具从起居室搬到儿童卧室	**42岁** 想去野营
2020年	**39岁** 想学弹钢琴啊	**7岁（2年级）** 如果女儿也想学钢琴的话就一起学习	**4岁（中班）**	**43岁**
2021年	**40岁**	**8岁（3年级）**	**5岁（大班）** 想让他上培训班学习一些能活动身体的课程呢	**44岁** 想换一台车

续表

	自己	长女	长男	丈夫
2022 年	41 岁	9 岁（4 年级） 能否做到在自己房间学习呢	6 岁（进入小学） 要不要在起居室里摆放一张学习桌呢？	45 岁 想挑战山径越野跑
2023 年	42 岁 想去夏威夷或是泰国啊	10 岁（5 年级） 要不要送她去补习班呢？	7 岁（2 年级）	46 岁 想去参加在夏威夷举办的马拉松
2024 年	43 岁 将打工的时间延长到傍晚吧	11 岁（6 年级）	8 岁（3 年级）	47 岁
2025 年	44 岁 把起居室旁边的日式房间整修一下？	12 岁（升入初中） 给她一间独立卧室怎么样？将她的床直接从我们的卧室搬过去？	9 岁（4 年级） 要不要给他一间独立卧室呢？和女儿商量	48 岁
2026 年	45 岁 为了维持现在的体重，我想要坚持健身	13 岁（初中 2 年级）	10 岁（5 年级）	49 岁

通过一家人的未来预想图，我能看见10年后的自己！

用喜爱的物品填满愿景图吧

如果你无法判定对所选物品的喜爱程度，你所给出的答案必定是模棱两可的，就连你自己也无法说明它们的优点。比如，你觉得电影《泰坦尼克号》中客船的内部装修还不错，实际上却并不能确定是否真心喜欢。但是，如果你是因为喜欢乔治亚风格而爱屋及乌，就能清晰地衡量“喜欢”的标准了。

为此，我们要画出愿景图。不是将杂志的碎片剪切下来就完事了，而是需要彻底地进行分析。我们要分别对于被选中以及落选的照片进行探究。然后，从被选中的照片中找出共同点，勾勒出它们的特点。另一方面，从落选的照片中寻找落选的理由。这两项工作都能帮助我们缩小范围。

制作愿景图的另一个目的是为了舍弃 “让步”的观念。不要在选择之前背上包袱，比如觉得这件物品价格太高，根本买不起；这种家具的风格不适合我们家等，而是要主动选择喜欢的对象，淘汰剩余选项。像这样，按照愿景图的内容一一完成目标，你会发现你已经成了理想中的那个出色的人。

这是我用一本杂志的内页制作的室内装饰的愿景图。愿景图不仅可以帮助我们挑选服装和家具，同时还能为房屋装修派上用场。我所从事的收纳整理服务包含愿景图以及分析报告。

[愿景图的制作方法]

挑选一本你最中意的图书

走遍大型书店的所有书架，从中挑选出一本你最中意的图书。虽然我们要制作的是室内装饰的愿景图，但是不一定非得选择室内装饰杂志。

在你中意的书页上贴上便签，然后剪下来

在你中意的书页上贴上便签，然后将它们剪下来。不要漏掉广告，从头到尾仔细读一遍。选多少张都没关系。

用手遮住某些元素

如果照片里有绿色植物、花儿、窗户或者时尚人士，请用手遮住它们。你或许会惊讶地发现：“咦？看起来不一样了！”这些元素会误导你的眼睛，美化整个画面。我们要避免受到整体氛围的误导，看透本质。

站在 1 米远的地方观察图片

将你选出的杂志切页摆放到地板上，从上往下扫视一遍，你就能找出吸引眼球的目标。通过从上往下俯视大量的照片，你会找到它们的共同点，比如“所有的地板都是木地板”。

最终选出 6~7 张切页

按照步骤 4 找到共同点，最终选择 6~7 张切页。同时，仔细观察落选的切页，分析落选的理由。比如，落选的照片里的家具给人带来冷冰冰的印象，即可说明你更喜欢具有温度的天然材料。

将所有切页整理到一张纸上

将你在第 5 步挑选的切页分别拍下来，然后使用图像编辑软件将它们整理到一张纸上。在你选择困难的时候，随时都可以打开这张表单，它会指引你回到起点。

在家里寻找中意的物品

原村式整理流程

原村式整理流程的特点是回顾过往经验。

分析物品的共同点以及购物的失败经验，在今后的生活中扬长避短。

就像挑选钻石的原石一样，慢慢积累经验，最终才能找到真心喜欢的物品。

从每天都要接触的地方开始

首先，我们从每天都要接触的地方开始回顾，如厨房的抽屉，化妆盒等。不要勉强自己，每天大约花 15 分钟便已足够。切记遵守规矩，在整理过程中不碰他人的物品。

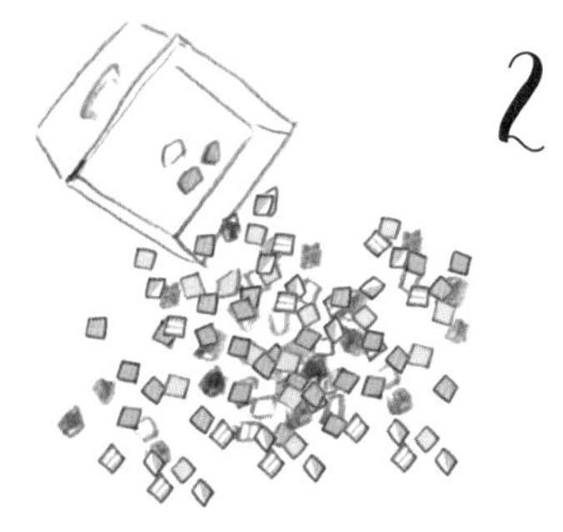

把东西全部倒出来

在这个步骤里，我们需要把放置在某个地方的东西全部拿出来，虽然有些麻烦，但是这都是为了更好地回顾过去所做的一切。如果你对物品的数量感到震惊，或是对自己的购物行为感到恼火，你将立刻获得改造的机会！若是在其他地方发现同类物品，一个都不要放过。

从中挑出因为喜欢而使用的物品

从中挑出因为喜欢而经常用的物品。将自己当作一名职业买手，用这些物品打造一间“私人选品店”。

4

寻找共同点

从选中的物品里面寻找它们的共同点。譬如，颜色漂亮，轻便而方便携带。通过仔细观察这些共同点，就能明确自己的喜好。

5

二次选拔

将第 3 步中挑选出来的物品摆放在一起，按照 4 的规则，进一步挑选具有共同点的物品。通过对比相似的物品，找出它们的优缺点，从而淘汰大量候选者。

6

用“远距离”作战消除不确定的选项

例如，我喜欢某件物品的形状，但是并不喜欢它的颜色。因此，我无法断定是否喜欢这件物品。将那些无法立刻判断是否“喜欢”的物品装进垃圾袋，放进顶橱等平时接触不到的地方保存一段时间（请参照 P151~153）。

7

回顾购物时的情景

回想落选的物品进入这个家的情景。冲动购物？或是他人赠送的礼物？通过回顾一件物品的来由，就能做好舍弃它的准备，同时也能将这份宝贵的经验应用于购物。

8

销毁 3 年没有用过的东西

对于近 3 年来一直不怎么喜欢的，没有用过的东西，该放手时就放手。你不需要背负任何舍弃东西的罪恶感和不安。

9

抽屉变成百宝箱

经过几轮筛选，留到最后的只有目前你真心喜欢且在使用的物品。你会发现留下来的物品实际上屈指可数。但是，我相信这些物品你一定喜欢！今后，请带着挑剔的眼光，尽情选购自己中意的物品吧。它是黄金！

舍弃物品的魔法咒语

只要你对某件物品尚且怀有不安或执着的情绪，就很难舍弃它。

不妨给它们分别取一个有趣的名字，装作事不关己的样子客观地看待它们。

有趣的名字能让你发自内心地笑出来，深藏于内心的不安和执着的情绪会逐渐离你而去，最终你将不再留恋。

过去爱吃烤肉现在更爱生鱼片

世界变幻莫测，因此我们要珍惜当下。而人类的喜好也是同样在时刻变化着的。我们有必要丢弃曾经喜欢过的对方，同时要坦率地接纳新欢。

茶叶味道变淡

不再穿的衣服，不再使用的器具，就好比味道变淡了的茶叶，嚼不出味道的口香糖。即便是不会在短期内腐烂的东西，实际上也是消耗品，同样也有有效期限。一旦到期，请你尽快更换新面孔，尽情享受新鲜的味道吧！

礼物是用来转嫁罪恶感的道具

将自己并不喜欢的礼物或旅行时买的特产挑出来。若是打算送人，请在 1 周之内送出去。在此期间，如果心里仍有犹豫，盘算着“可能她也不需要这种东西吧！”“是否应该送去洗衣店呢？”按照内心的想法将它们销毁吧。否则便是作茧自缚，同时会给送礼对象平添麻烦。

商品归根结底都是大批量生产的物品

正因为我曾经从事过商品开发工作，所以才有底气发表这样的看法。商品说到底只是商品，无论需要多少都能复制出来。然而，人是不能复制的，“我”也是独一无二的。因此，我们没有必要因为过去珍惜某件物品而放不下对它的感情。

正因为昂贵才舍得丢弃

好不容易攒钱买到价值 1 万日元的衣服。如果只穿一次的话，穿着单价就值 1 万日元。如果觉得还能继续穿，以后总能派上用场，你的行为无疑是在给衣柜添堵。假设你有一件 10 万日元的衣服，经常穿的话它也会掉价的。一旦你对它失去兴趣，只要回想曾经常常开心地穿着它出门的情景，就能干脆地和它说再见了。

和陌生人同居

他人赠送的完全不合自己口味的礼物，完全不记得什么时候买回来的东西，就好比“陌生的人”。将这些无用之物整整齐齐地收进壁柜，就好比和陌生人发生同居关系。不觉得很恶心吗?

修整神圣地带

[孩子的作品]

要给孩子提供更好的创作环境，我们就必须舍弃过去的一切，创造一个更适合当下的环境。为此，我们有必要整理孩子过去积累的作品。如果你想将这些作品保存下来，请找出一个合适的理由。如果孩子主动提出要丢掉这张作品，那么你必须仔细观察孩子的动向。究竟是打算重新创作一幅作品呢，还是单纯想玩耍。倘若孩子玩心重，不妨将她的作品装饰在家里或者保存起来。当你初步了解孩子在这方面的心理，则可以进行下一步流程。

孩子

想玩耍

⇒ 将作品存放在一个抽屉里

确定好存放的地方（我家是放在起居室的一个抽屉里）之后，挑选孩子感兴趣的画具，一齐收进抽屉里。装满以后，重新规划存放位置。

想创作

⇒ 丢弃

当孩子主动提出要创作新的作品时，我会表扬她，然后在当天销毁旧作。我会在桌子上腾出空间，让孩子在未来的每一天都能创作许许多多的作品。

家长

想要将画作收藏起来

⇒ 从临时存放处移动到永久保存的盒子里

在地板上铺一张白纸，将画作铺在纸上，用智能手机拍下来。随后上传至云盘，与家人共同分享孩子的作品。随着画作不断增多，孩子也在慢慢长大。我们守护着孩子成长，与此同时，拍照片留念的方式还能增加人的安全感。

面对爱不释手、无法舍弃的作品，与其勉强销毁，不如好好地保存下来。为此，你应当准备一个合适的专用存放处。

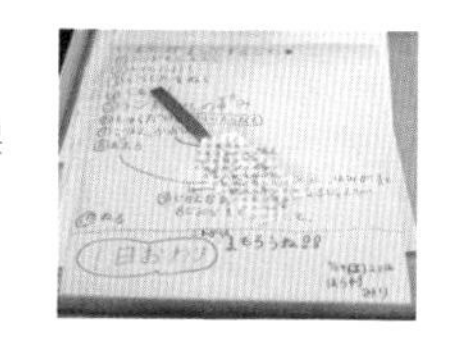

想装饰起来

⇒ 制作展示孩子作品的画廊

将孩子的作品挂在家人目之所及的地方。顺便一提，我家的画廊是厕所。我们将墙壁当作画布，用钉子固定好作品。方便我们随时更换新作品，处理旧作品。

当存放处塞满了作品，而新的作品没有去处的时候，不妨和孩子一起整理旧作。此刻，我们仿佛正在制作一本画集。将孩子的作品全部收进永久保存盒之后，收纳到架子上面。

[书]

想要一生珍藏

⇒ 留下来

在一瞬间，毫不犹豫且一言不发地拿起来的书，一般都是你想要珍藏一生的书。腾出书架上最好的位置，将它们放回去吧。

将你收藏的所有图书按照以下顺序从书架上取下来：想要一生珍藏的书，最近想读的书，读过一次之后不会再翻的书。

每扫视一本书的时间大致为 8 秒钟。根据要点——“今天想读的书”给自己出一道题目：读完这本书一共需要花费多少时间，每天需要花多少时间来读书。如果你发现某一本书根本不可能按计划读完，就意味着你对这本书失去了兴趣。此时，你应该反省自己买书的目的太随便，而既然已经失去兴趣，便可以随意处理了。

读过一次之后不会再看的书

⇒ 卖掉或者扔掉

将保存得比较完好的书装在购物袋或者周转箱里。然后，当天就去回收站走一趟！将剩余的书处理干净。

最近想读的书

⇒ 摆放在枕边

这种书的数量往往是最多的。不妨将它们摆放在床头柜上，利用读书充实睡前时间。每读一本书就要给自己定一个期限，如果到了时间还没有读完，你就应该做好放弃的准备。

[礼物]

不感兴趣

⇒ 丢弃

对于那些不感兴趣的东西，我们要想办法处理掉。比如食品，买回家之后迅速开封，随后放在冰箱里比较显眼的位置，一旦发现不合口味，立刻扔进垃圾箱。

送人

⇒ 装进纸袋，摆放在玄关位置待机送出

或许一件物品不受自己的待见，但说不定朋友刚好需要呢？不妨将这些物品分袋子装好放到玄关附近，以便随时可以拿出来送人。

无法舍弃

⇒ 装进盒子里搁置到架子上

对于实在无法舍弃的东西，我们不要勉强扔掉，收起来也无妨。如果不适合摆在外面，不妨用盒子装起来，放到平时看不见的地方。

他人赠送的礼物，不一定能满足自己的需求。当你决定要舍弃它们的时候，不需要任何虚情假意，痛快地向它们告别。虽然没有必要将对人的感情延伸至物品，但是，你一定要珍惜赠礼所包含的这份情谊，让对方知晓长久以来的感谢之情。

而对于那些陪伴自己很久而难以舍弃的物品，请将它们从自己的空间里驱逐出去，放到目不可及的地方收藏起来吧。

整理喜爱的物品不需要收纳技巧

分类

在整理种类繁多的物品时，我们要按照类别将所有物品依次归类，方便以后查找。

同时，可以避免因为找不到东西而将抽屉翻得乱七八糟的情况发生。

只有明确真心喜爱的对象，在整理的过程中，无用之物才会逐

渐减少。于是，你会感觉到原本狭窄的空间变得十分宽阔，便不再烦恼该如何整理杂乱的物品。严格来说，我们不需要掌握高级的收纳技巧，只需要将物品摆放在合适的位置。

摆放方式包括以下三个要点：

- 种类多的物品要分类
- 为了便于了解每个种类的物品的所在位置
- 安排方便取放的位置

接下来，我们只需要在使用过后将它们放回原处。譬如，刷牙和洗手属于同一种生活习惯，所以我们可以将牙刷和洗手液放在同一个位置。我想说我不喜欢用“收拾”这个词语来形容收纳整理的工作。因为整理物品并没有艰巨到需要“花费大量时间精力去处理”。

收纳的工作量越小，越方便所有家庭成员共同参加，长此以往便能维持干净整洁的环境。对于收纳整理这项工作，我追求的极致是不需要思考，身体形成条件反射，随时随地爱护卫生，保持周围环境整洁。我希望大家也能够养成良好的收纳习惯，只要发现一丁点污垢，身体就能自然行动起来。

一目了然

为了一目了然地找到目标，我将相同种类的物品并排摆放在同一层。请注意只有同类物品可以叠放起来。

确定位置

任何物品的使用频率都有差异。根据自己的身高以及惯用手来确定顺手的位置，按照使用频率由高到低的顺序依次摆放物品。

看上去整齐的收纳方式，反而有可能囤积废品

左 / 收纳药品和卫生用品的抽屉。将创可贴、指甲钳立起来，分别收进空瓶子，塑料盒里。
右 / 起居室里收纳棋盘游戏的位置。使用装过点心或奶酪的盒子，将卡牌和骰子分别收进去。

收纳盒用的是家里的空盒子和空瓶子。形状和大小不一样也没关系。我认为大小不同恰恰更为合适。

若是将相同大小的收纳盒放进抽屉或柜子里，不留任何多余的空间，无论怎么看都显得非常整洁，没有任何插手的余地。一旦满足于眼前的假象，我们便不会再分析物品的去留问题，收纳整理的工作无法产生任何进展。结果，你将会永远对废物置之不理，使得废物占据宝贵的生活空间。

人们的生活日新月异。按照同样的道理，我们也需要定期翻看抽屉，重新评估存放在其中的物品的去留。不妨用空盒子和空瓶子来收纳物品，以便我们能轻松地更换抽屉里的内容。

用手写的标签来更新物品

不需要用标签或是标签打印机，手写的标签更方便更换。将白纸裁成标签大小，和钢笔，胶带一起放在同一个地方。收纳盒里的物品一旦发生变化，我们要立即修改标签上的内容。

不要买任何收纳家具

只需备齐下面3种道具！

高度为 18cm、23cm 的抽屉盒

18cm 的盒子里面没有分层，收纳的物品一目了然，并且拿进拿出都非常方便。23cm 的盒子则是用来收纳非当季用品。

钢制书挡

这种书挡能用来放置竖着收纳的物品。同架子和盒子不一样，它的优点在于能够根据物品的分量灵活地调整空间。

“在整理房间的过程中，请不要购物哦。”

这是我的口头禅，也是在顾客的家里进行更新（UPDATE）的时候的约定。之所以这样嘱咐，是因为顾客已经拥有了足够多的物品。既然有时间去购买收纳用品，还不如将这些时间用来收纳现有的物品。即便增加更多收纳用品，恐怕也无法解决当下的问题。

我们所需要的物品，只有用来整理衣物的抽屉盒以及摆放图书的书挡，或者鞋柜和零食收纳盒。大多数道具家里都有，所以不需要添置新的了。

不再需要书架，书档夹一夹

将物品面对面地排成一列，增加书挡的稳定性。即便需要收纳更多的书，也不需要像书架一样更新换代。一个书档拥有无限大的收纳功能。

①教导孩子收拾东西

玩具·文具篇

“我家孩子不会收拾东西……”

我经常在帮人整理房间的时候听到类似的感慨。我认为这不是一个难题，我们可以教导孩子主动收拾东西。孩子一旦玩腻了昨天的玩具，就会毫不犹豫地扔掉。对物品恋恋不舍的恰恰是考虑价格以及物品状态成年人。

诚然，要让孩子主动收拾东西还需要巧妙的引导。我们不要催促孩子“给我收拾干净”，而是让孩子对某件事产生期待因而自发地去收拾东西。譬如，告诉孩子今天的晚餐都是她爱吃的菜，快点儿收拾好东西来吃饭吧。

天花板下方的橱柜用来收纳孩子的物品。玩偶之类的玩具则是放在卧室。

布偶玩具的大小由孩子的怀抱来决定

在购买玩偶之前，我会事先量好尺寸，确保家里有收纳的位置。若是孩子想要舍弃旧的玩偶，我会帮忙处理。玩偶的大小要控制在孩子自己能搬运的范围之内。

我没有给孩子单独买一张学习桌，而是让她在大人工作的桌上做作业，画画。

[为了从上方一览无遗地看清楚所有物品]

分门别类收纳物品，在打开的一瞬间就能找到目标。

打造一个便捷的环境，无论孩子想要任何物品，我都能立刻回应！

第一层

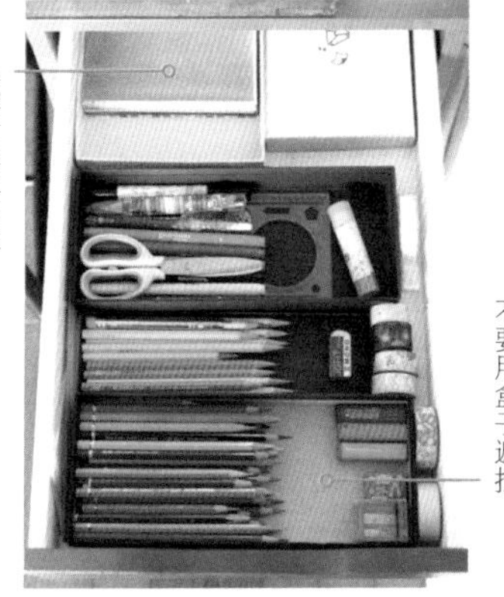

将铅笔、橡皮擦、糨糊、纸胶带等常用的工具收进去。为了方便使用彩色铅笔和手工折纸，将它们从盒子或袋子里取出来。将铅笔头削尖，以便随时使用。

第二层

用空盒子分别装好木球、钱包、森林家族等等零碎的玩具。按照盒子分类收纳，避免不同种类的玩具混到一起。将这些宝物放在方便管理的第二层。

第三层

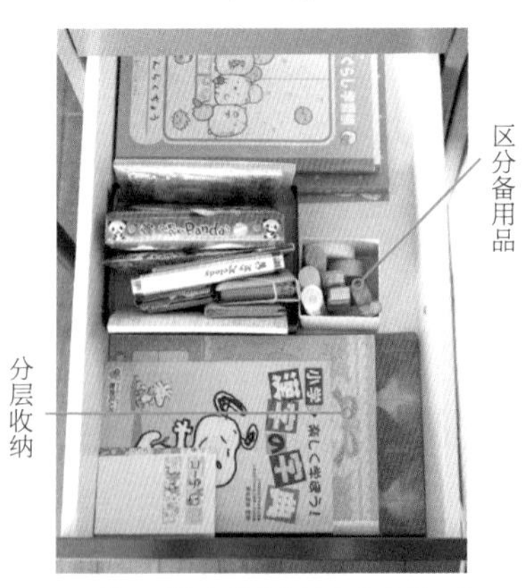

这一层保存着笔记本和参考书。将正在使用的物品放到跟前，用完了的放到里面。如需要重叠摆放，则要露出一些内容，便于查看。纸胶带和糨糊的备用品存放于此，可防止拿错东西。

第四层

比较重的东西放到最下层的抽屉。我扔掉了积木的盒子，直接将积木存入抽屉。要玩的时候打开抽屉，直接取出来。细小的零件则是放进盒子，避免关键时刻找不到东西。

②教导孩子收拾东西

衣服篇

刚好填满60%的空间

为了让孩子每天早晨在一个地方完成所有准备工作，
我在衣橱里腾出了一个空间，用来放置双肩背包和教科书。

收纳衣物的要点在于方便取放。让小孩学会自己取出要换的衣服，挂好外套。当孩子不再需要大人帮忙，能独立穿好衣服，就能提升自信。同时，家长也能对孩子产生信任，肯定孩子的所作所为。

为了达到这个目的，孩子的衣物只能占据衣橱 60% 的空间。若是塞得满满的，衣服只能叠放收纳。取衣服的时候，由于衣服叠得整整齐齐的，孩子不忍心打乱秩序。因此，孩子需要用两只手拨开其他衣服，操作起来非常麻烦。然而，我们只需要空出 40% 的空间，孩子用单手就能取出衣服。一次性将衣服收进去，一下子就能找到目标并取出来——孩子也能轻松做到。

放学回家，准备好第二天上学所需的物品

挂好外套之后，顺便准备好第二天上学所需的物品。将教材取出来放在固定位置，一边查看课程表，一边集齐随身携带的物品。

[依照 TPO 整理抽屉内部空间]

不要按照类别，而是根据时间和场合的用途统一分类整理里面的物品。

迅速整理好抽屉，避免像无头苍蝇一样，毫无目的地翻找东西。

休息日出门时用到的物品

第三层抽屉存放着休息日专用的物品。这里整合了我们在休息日使用的物品，比如出门用的包包，暑假里用的帆布背包。我经常在周末去图书馆，所以将图书卡也收在这里。

早晨整理着装所需的一整套物品

早晨起床后，整理好袜子、内衣、手帕等需要穿着或随身携带的物品。一般来说，袜子和内衣的数量按照住宿的天数来准备。同时还要带上纸巾以及用来写名字的笔。

非当季衣服

尽量将非当季衣服塞满整个抽屉。一年只会更换一次，所以我们不需要过多考虑的便利性，而是优先考虑收纳的分量。按照抽屉的宽度将衣服折好，分别装进收纳盒里，层层叠高。

夜晚的更衣套装

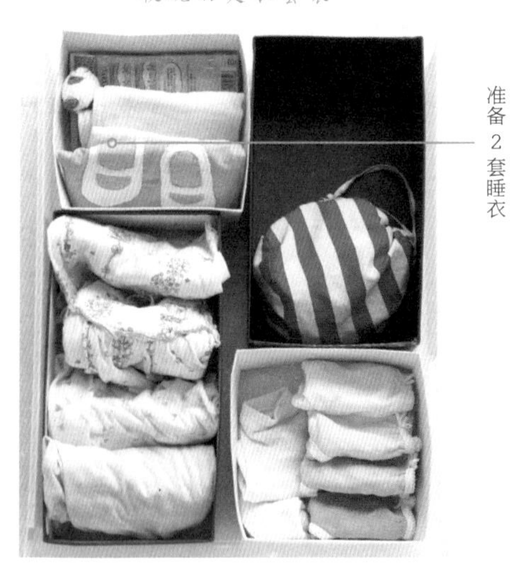

包括沐浴后穿着的内衣和睡衣。我们从抽屉里拿出衣服，去浴室里更换。夏季的睡衣一天要洗一次，所以要准备2套。

全面调查因重量造成负担的物品

有一次，一位客户说这些年来完全没有翻过相册。问其理由，原因竟然是“相册太沉了，拿出来收回去太麻烦！拿起来看一会儿，胳膊就开始酸了……”因此，物品一旦压箱底，或是被主人搁置，原因必定与其重量息息相关。

不同年龄段的女性的力气大小不一样。女性单手能够提起来的平均重量最多能达到700g，差不多是7把意大利面的重量。当你提起装有1kg的砂糖或是小麦粉的袋子时，会感觉很沉吧。

同时也有例外。像锅和相机等一般人认为“很沉”的物品，拿来用的时候却并不会感觉特别沉。但是，金属铸造的搪瓷锅的搁置率还是挺高的吧？我猜想，或许是因为物品的重量在无形之间增加了身体的负担。

整理较重的物品非常费劲。因此，我们在购物时必须找准目标，在同类商品中挑选更轻的选项，就能避免给自己添麻烦。

被搁置率极高!

分别测量我感觉比较重的东西的重量。结果发现它们全部超过了 700g，难怪我嫌麻烦不愿意拿出来用。其中最重的是 978g 的菜谱，怪不得现在很少使用了。

熟记收纳整理的技巧

你可能感觉回邮件是件麻烦事，相较之下，通过社交软件发送表情包要轻松得多。实际上，这种对时间感觉的差异也可以应用于收纳整理的工作。

比如，回家后将包里的物品取出来。手帕要放进洗衣机，水壶放到厨房，手账放到桌上……因为物归原处的地方各不相同，如果想要一口气整理好，反而会感觉麻烦而容易弃之不理。长此以往，你的桌子会变得一片狼藉。大部分人都有一种坏习惯，一旦觉得麻烦，就会顺理成章地拖延时间。

因此，为了避免让自己产生麻烦的情绪，我将整理的工序分解成了几个部分。回家之后，我将所有物品分别按照归还处所在的方向摆放。当我有事要去其中一个地方的时候，便会拿起对应方向的物品，轻松地物归原处。或许一口气整理好所有物品需要花费 5 分钟，按照这种方法，1 分钟便可解决。

稍微动动脑，熟记收纳整理的技巧。这就是整理看似麻烦的物品的诀窍。

左　离开餐桌时，将用过的餐具送到厨房里，完成第一步。
右　取出包里的所有物品，面朝原本收纳产品的方向，依次放回原处。

身体自然动起来，缩短下厨时间

上班前做早餐，回家后做晚餐。工作日期间，我几乎是在厨房里同时间战斗。

在我家，女儿一般在晚上 8 点半睡觉，所以最迟必须从 7 点半开始吃晚餐。我下班回家后几乎没有多少准备菜品的时间。因此，每次整理厨房时不能留下任何麻烦，必须从头到尾细致地更新，从而缩短下厨时间。

比如，厨房用具不要叠起来，而是一个个按顺序摆放好，便于我们轻松找到目标。收纳锅子的抽屉用单手就能轻松打开。将盛早餐的餐具和食材放在一起，用起来更方便。看到什么，身体就能下意识地动起来，就是我理想中的“不需要动脑子”的收纳方法。

　　将常用的物品放在烹饪期间不需要移动就能够得到的位置。添置一台洗碗机，简化餐后卫生的工作。

Kitchen

[一次性准备好所有材料]

用来盛早餐的餐具

上 / 咖啡杯和红酒杯（用来喝酸奶）等盛早餐的餐具，放到橱柜后面的角落。左 / 将盛放面包的盘子放在正上方的吊挂橱柜。将所有餐具放回原处，不需要移动一步。

将格兰诺拉麦片分装到小瓶子里，让孩子也能轻松地泡麦片。

早餐食品

用年糕和小豆罐头打造一份简单的早餐。

蜂蜜，金枪鱼罐头等早餐食品，要与其他食品区分开来，收进专用抽屉。只要打开抽屉就能找到目标，避免浪费时间找东西。抽屉后方摆放着用来盛早餐的餐具。

[马上能找到]

厨房工具

不要用扁平的物品遮挡其他工具

左 / 将使用频率较高的厨房用具分类摆放好，可避免需要用的时候找不到东西的情况。将手柄放在近处，方便取放，同时能节省时间。左 / 削皮器和切片机容易挡住其他工具，将它们竖起来放到其他地方。

[单手取放]

装进盒子里竖起来

可以用架子分割炉灶下方的空间，从而扩大隔板的面积。工具不要重叠摆放，工具之间稍微留出一些空隙。可以将盒子插入剩余的空间，将工具竖着放进去。如此一来，工具收纳得井井有条，互相不会碰撞，我们可以轻松地单手取放任何工具。

用抽屉收纳起居室的零碎物品

在起居室使用的物品种类繁多，比如文具、缝纫工具、文件等等。为了更方便地收纳这些物品，我添置了一台具有 60 个抽屉的橱柜。如此一来，我可以按照类别在不同抽屉里放不同类型的物品，一眼便可知其内容。

抽屉的深度约为 3cm，虽然看起来比较浅，但是完全能容纳遥控器和螺丝刀等具有一定厚度的物品。抽屉深度较浅，才能保证物品不会被埋到不见底的深处，随时都能取出来用。

抽屉的数量越多，越是绝对有必要贴标签和分区。只要将常用的物品集中收纳在上层，方便查找并且方便取放，家人就能顺利地找到所需物品。

[根据柜子的高度和物品的使用频率来安排收纳位置]

将使用频率高且重要的物品放在站立时能够得到的上层位置。下层则是用来收纳使用频率较低以及孩子用的物品。大人必须蹲下来收纳物品，所以更适合身高较矮的小孩使用。

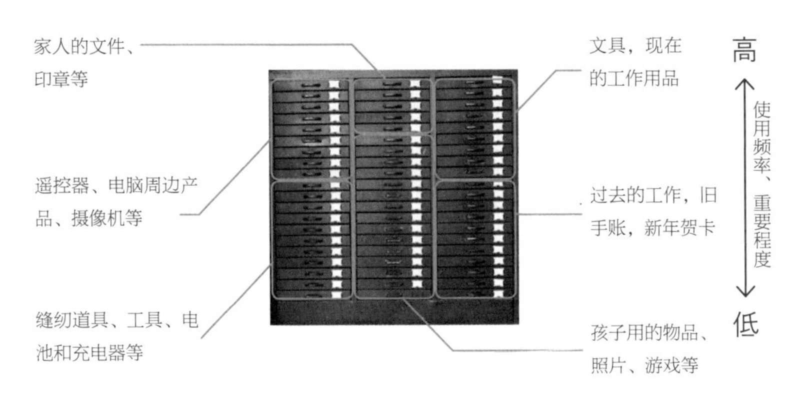

Living

这台橱柜的抽屉非常浅，属于办公家具。距离桌子咫尺之间的抽屉里，收纳着与工作相关的文件。

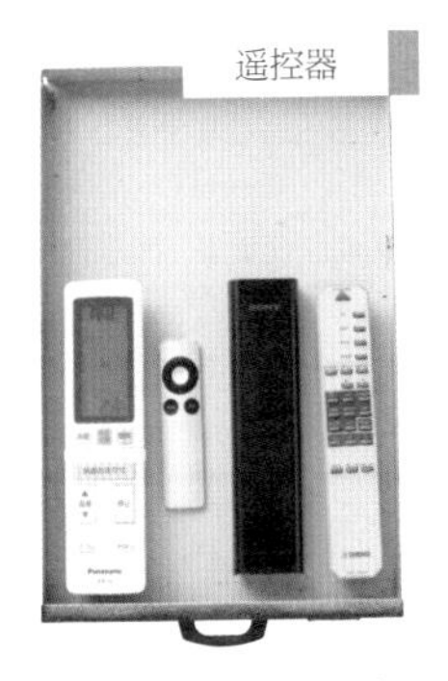

电视和空调的遥控器很容易被乱放。将它们收进距离电视机较近的抽屉里，便于记忆。

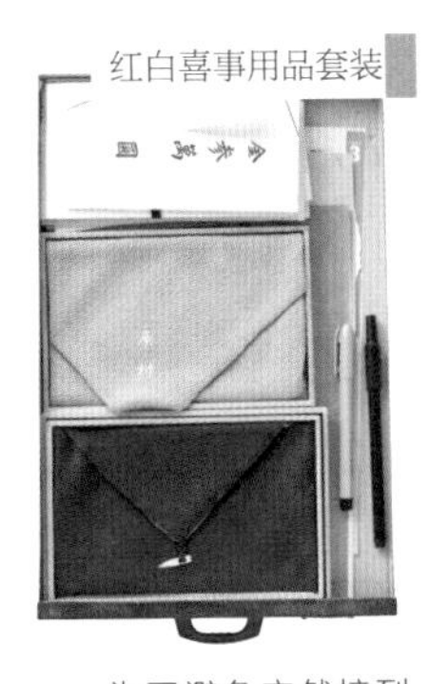

为了避免突然接到红白喜事的通知而手足无措，我在家里常备着谢礼袋、袱纱[①]、墨笔。另外还要准备 10 万日元的新钞票。

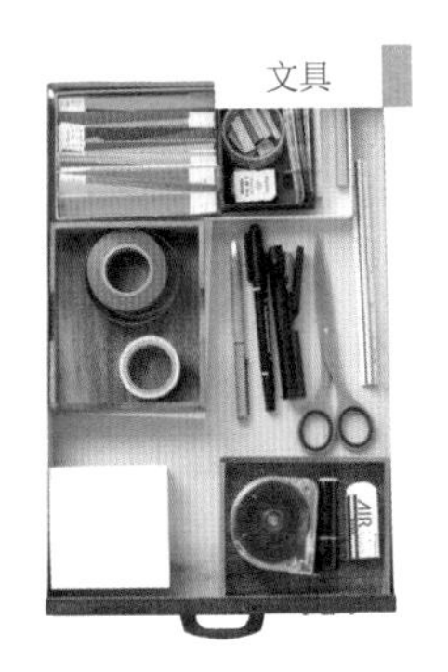

将家人共同使用的文具，如钢笔、记事本、剪刀等等文具收纳在最上层，位置清晰明了，容易记住。用盒子分类装起来，以防止开关抽屉时碰撞到其他物品。

在下层抽屉里面放置自家简单维修所需工具，比如起子和钳子。钉子和别针等材料则是收纳在正下方的抽屉里。

用 DVD 录制动画之后，将 DVD 的盒子扔掉，仅保留碟片。省去了从盒子里取放碟片的工夫，并且能存放更多容量。

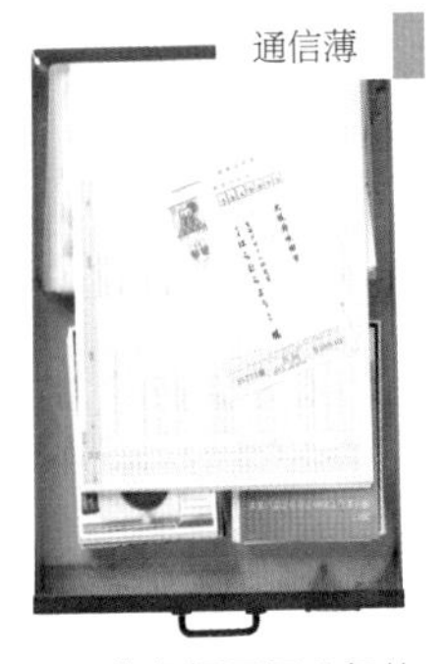

准备好可用 2 年的通信薄和新年贺卡，以及哀悼用的明信片。在通信薄上记录每个亲朋好友的信息。一旦收到亲朋好友通知搬家的明信片，就能立即修改地址信息。

---

①袱纱，原本是盖在收藏贵重物品的箱子上的“风呂敷”。“风呂敷”在最开始是指庶民去公共浴室时用来包衣服的布，由丝绸和棉布等布料制成。后来渐渐地把“风呂敷”变成搬运礼品时的包布，这种“风呂敷”类似的布包，叫作“袱纱”。一般来说喜事要用深红和紫色的袱纱，而丧事就要用灰、蓝的袱纱。

[收纳文件的文件夹只需要 2 册]

如何才能不让文件堆积成山？没有别的诀窍，除了经常更新文件之外毫无他法。为此，我们必须尽量少用口袋式文件夹。因为，只要将文件整整齐齐地收进文件夹，便会自我感觉良好，找不到任何理由去整理里面的内容。我只会在口袋式文件夹里收纳需要存放 6 年以上（孩子的入学年数）的文件或资料。我家总共只有 2 册文件夹，分别为家庭和学校相关的文件。除此之外的文件都放在透明文件夹或文件袋里面，随时催促着我更新内容。

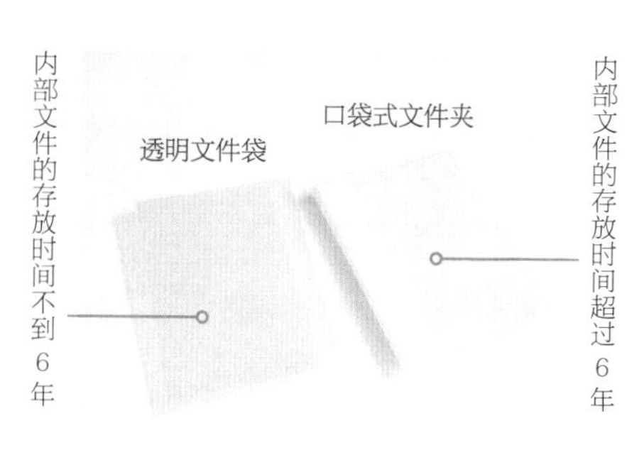

学校相关文件

我习惯将学校发布的通知文件收藏起来，其实根本没有这个必要。学校通知不过是一种信息罢了，过期则会作废。不妨从中找出班级花名册、教职员工名册、通信信息、学校的指导方针等有必要在上学期间确认的信息，分类整理，汇编成册。这些或许会在今后的日子里派上用场的物品。另外还包括突发疾病就医的方法以及入学时购买体操服的订单等。

利用现存文件回顾
6年间发生的事情

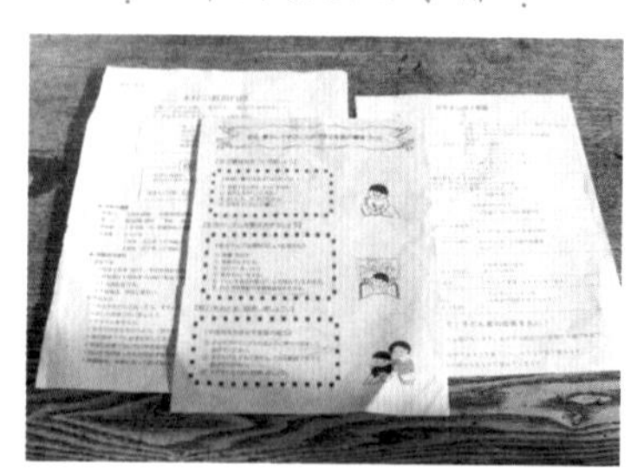

家庭相关文件

从种类繁多的文件之中，挑选出真正有用的信息。比如你有许多张与保险相关的文件，首先扔掉商家的广告，只留下一张保险证券。同时使用智能手机记录保险证券的相关信息。为了方便查找，可以分别用三种颜色记录保险、个人信息以及财产。

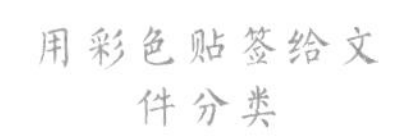

用彩色贴签给文件分类

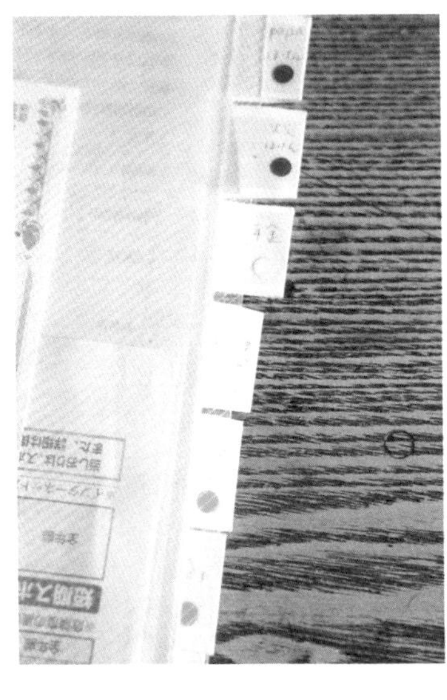

用智能手机记录保险编号以及电话号码

[为家人的突发情况做准备]

当我们突然遭遇生病或者事故等紧急情况，很容易迷失自己。正是在这种时候，我们才能发挥收纳的重要作用。为了在家人发生紧急情况时不至于手忙脚乱，越是重要的物品就要放在最容易找的地方。挂号证、印章、账号以及密码……只要做好以防万一的准备，便能高枕而卧，尽情享受当下的生活。做好准备之后，大家不要忘记将物品的所在之处告知家人。万一发生紧急情况，大家可以齐心协力共渡难关。

将每个人的资料分区保管

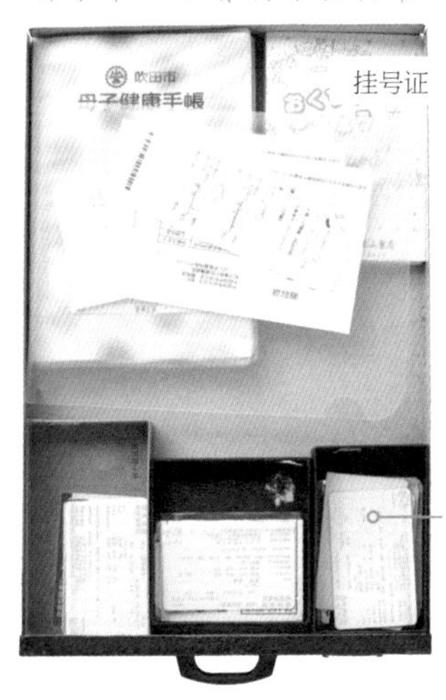

将每个人的保险证和挂号证，以及药物手账分别收进各自的盒子里，然后收纳至“最上层”抽屉，方便家人记住所在位置。即便当场惊慌失措，也能立刻找出来。

顺利地办好手续

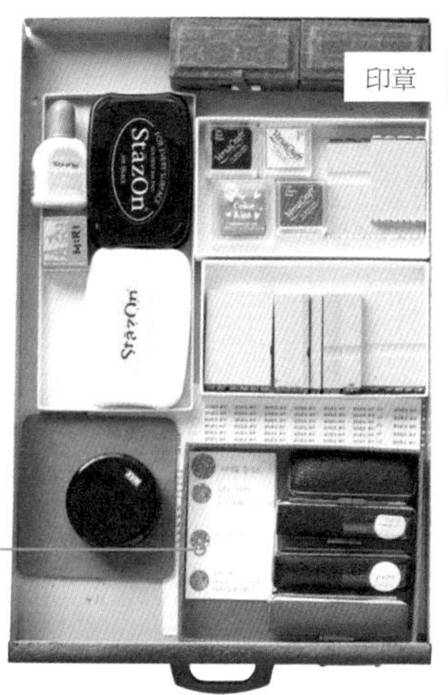

为了方便一眼找到印章的主人，我会提前制作一份样本，在纸上盖章并且标记姓名。提前备好优质的朱色印泥和印章垫，就能一次性盖好章，迅速办理各种各样的手续。

将重要信息告知父母和兄弟

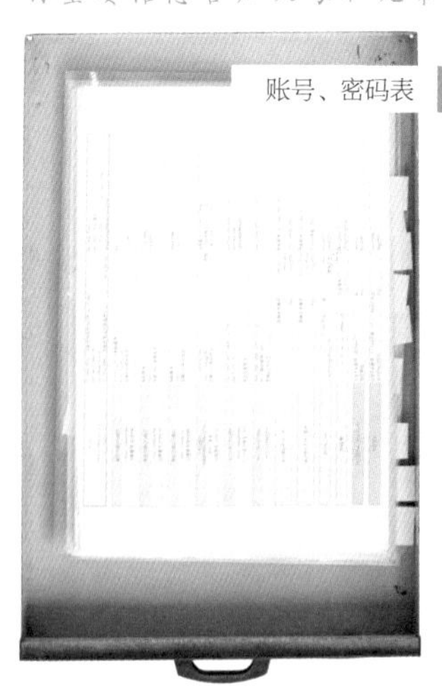

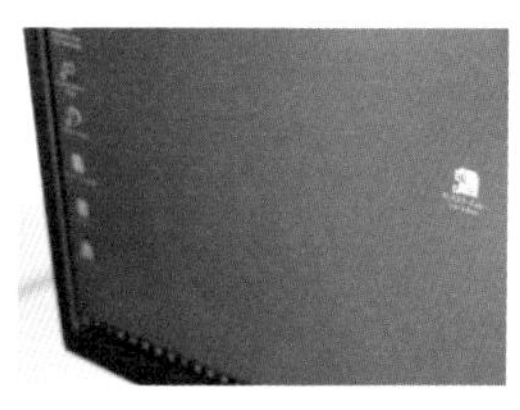

文档放置在电脑桌面

将家人的银行账号，银行卡的密码，社保和税收的号码做成一览表，并告知亲属存放位置。为了方便查找物品，分别制作每种物品对应的图标，保存至电脑桌面。

学校里发的文件、礼物、邮件等

制订计划，收拾好容易乱放的物品

寄到家里的邮件以及突然收到的礼物，因为不知道放哪儿好所以容易乱放。

为了避免物品堆积成山，我们要制订好计划。

学校里发的文件

利用手账和云盘记录信息，避免文件堆积在家里

用日程表转记必要事项

孩子将学校的文件交给家长时，我会马上阅览一遍，然后将必要事项记在日程表上。绝对不要拖延，当天的事情一定要在当天处理好。

1

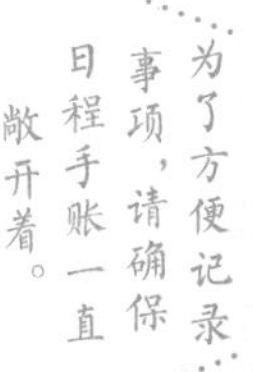

为了方便记录事项，请确保日程手账一直敞开着。

用智能手机拍摄文件，上传至云盘

将重要事项，如学校参观日，远足等信息用智能手机拍下来，上传至云盘。我可以通过云盘与丈夫共享信息，从而避免遗漏重要事情。并且，我总是带着手机出门，所以即便不在家也能随时确认每一项日程。

2

与丈夫共享信息，扣下双重保险！

普通文件扔进垃圾桶，需要保存的文件汇编成册

对于普通资料，将信息上传至云盘之后即可扔掉。为了方便随时扔垃圾，我在桌子旁摆放了一个用于废弃资料的垃圾桶。而对于需要保存到孩子毕业时的资料，则是剪切下来放进口袋式文件夹。

仅保存需要在上学期间回顾的资料

礼物

收到包裹后立即分类，不要一直放在盒子里

如果在收到点心等食品类的礼物之后一直不打开，很容易由于遗忘而导致食品过期。建议大家在收礼之后立即取出来，然后分类分装起来。如果收到了传单，则是贴在冰箱门上，搁置一段时间。如有需要则可以利用，同时也能起到提醒丈夫查看信息的作用。

袋子和缎带

⇒ 扔进可燃物垃圾桶

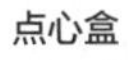

点心盒

⇒ 扔进废弃资料的垃圾桶

传单

⇒ 贴在冰箱门上

点心

⇒ 收进盒子

邮件

将包装盒里面的东西取出来，收进专用的抽屉。夫妇俩每天检查一遍！

每天打开一次“DO BOX”，清理任务

每天一定要打开一次这个盒子，检查尚未清理的事情。我们夫妇俩会互相约束对方，确保不会发生任何遗漏。我们的目标是每天清空一次盒子，完成所有任务。

将信封里的物品放进起居室的“DO BOX”

看过邮件内容后，如果需要回信，就将它放进起居室的“DO BOX”。譬如，婚礼请柬、社保和税收的号码的登记表，以及朋友寄来的信。

取出包装盒里面的东西，清理掉信封

取到寄到家里的邮件后，请立即拆封。一旦拖延，邮件便会在餐桌或书桌上堆积成山，整理起来需要花费大量时间和精力。与其事后花更多时间整理邮件，不如及时查看邮件，撕掉信封，丢进废弃资料的垃圾桶。

避免洗手间的存物处滞留脏污

洗手间是个容易产生脏污的地方。我们每天都会在洗手间里沐浴，梳妆打扮，无法避免垃圾的产生。不仅是家人，客人也会使用洗手间。因此，我整理了一些能够轻松维持环境清洁的方法。

第一个方法是想办法避免脏污积累。洗脸池非常潮湿，因此我尽量不在洗脸池周围摆放东西，而是将物品架空收纳在墙壁上，比如贴在镜子上，或者搭在架子上。

第二个方法是快速清理。在洗手间里放置一些清洁工具，如清洁滚筒或三聚氰胺海绵。只要发现哪里脏了，立刻就能清扫干净。

此外，为了营造整洁的氛围，我们需要想办法从外观上做出改变。比如，用盒子藏住乱七八糟的东西，东西拿出来以后要拆掉包装，一眼便能找到目标。

洗脸盆周围只能摆放洗手液和三聚氰胺海绵。不在容易积累脏污的地方堆放物品，就能降低打扫的难度。➡

Washroom

[规整杂乱的物品]

女儿的日用品

我的日用品

三个盒子里分别收纳着我的化妆品，女儿的头饰，丈夫的服装配饰。不要将容易混杂的小东西到处乱放，而是要收进盒子。盒子是半透明的，不能完全看见里面的东西，外观看起来比较清爽。

丈夫的日用品

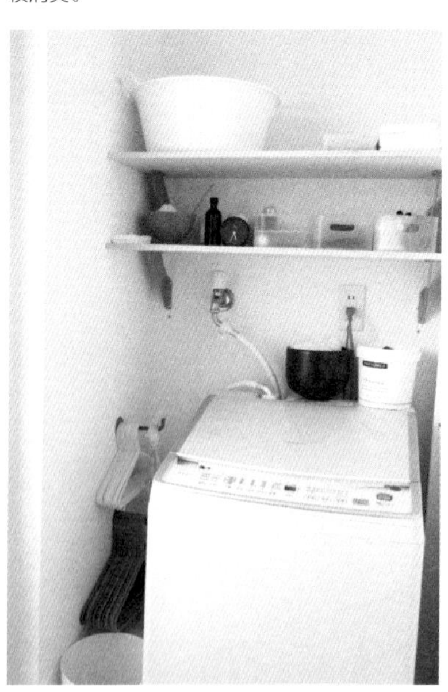

洗脸池对面的洗衣房空间比较狭窄，我们需要随时保持空间的干净整洁。用小盒子收纳小物品，避免物品放置得杂乱无章而遮挡视线。

[避免黏糊糊]

刷牙杯、牙刷

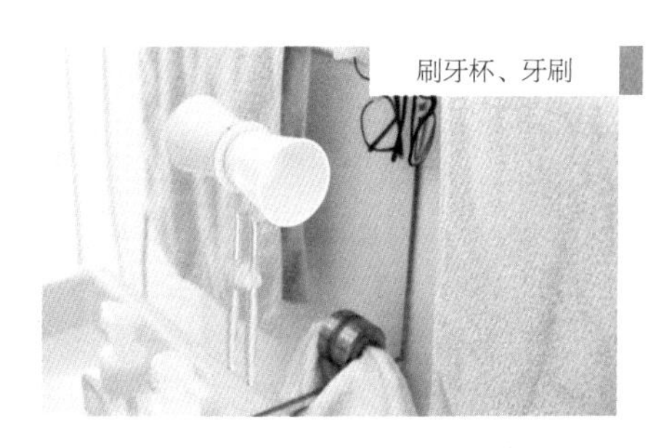

尽量不要在容易形成脏污的地方摆放物品，而是让它们浮在半空中。用吸盘式的物件固定好刷牙杯和牙刷，就能更简单地清扫洗脸盆。同时，牙杯和牙刷本身能保持清洁卫生，不会被弄脏。

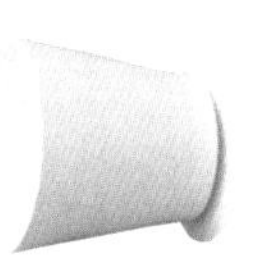

将杯子支架贴在镜子上，装卸带磁铁的杯子。可以自由选择放置的地方。白色磁吸杯

[随时清扫]

将清扫道具放在身边，一旦发现垃圾和污垢，立刻就能打扫干净。

右上 / 在脚下备好清洁滚轮，就能迅速捕捉地板上的垃圾。

右下 / 在洗脸盆周围常备三聚氰胺海绵。选购白色海绵，放在白色的洗脸盆周围。由于颜色和周围物品几乎融为一体，不会产生任何违和感。

清洁滚轮

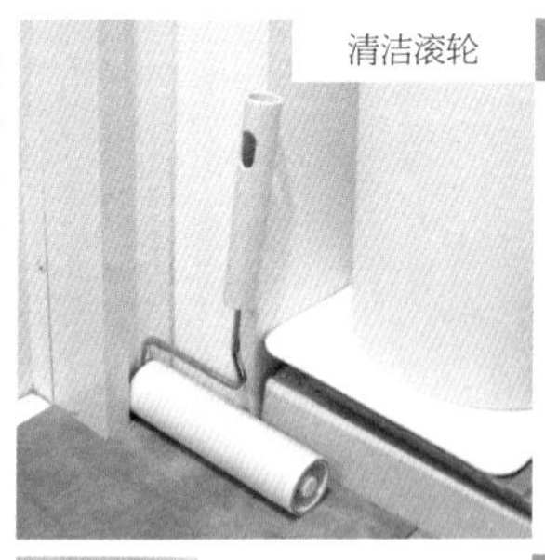

三聚氰胺海绵

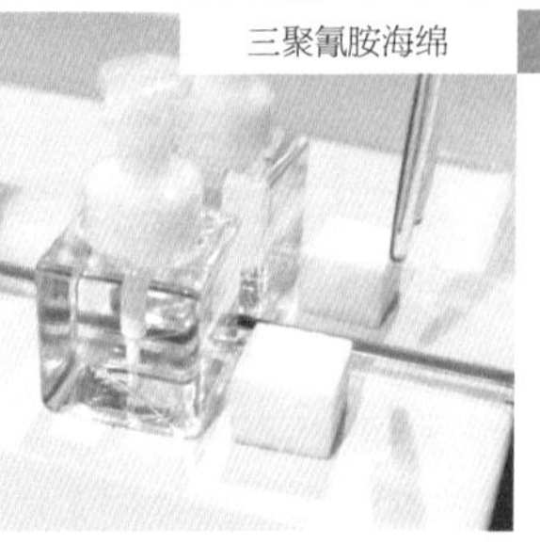

分区收纳各自的鞋子，一目了然

根据家人的身高确定收纳位置。走路步子较大的丈夫的鞋子收在靠里面的位置，孩子的鞋子则是收在下层，确保孩子站在走廊上能够轻松取放。

我家的鞋柜一共有4面，其中3面分别收纳丈夫、我、女儿的鞋子，剩余的一面存放着储备品。

将鞋柜（或者鞋架）分门别类，按照人头分别收纳各自的鞋子。家人了解自己的空间，就能主动管理里面的物品。在收纳方面，我们要注意如何安排鞋子摆放的位置，比如经常穿的鞋子要放在方便取放的位置。最好是放在不用踮脚也能够得到的高度，并且放在惯用手的方向。

平放靴子

里面有名片和护手霜

印章也要挂起来

我

经常穿的鞋子放在下排1~2层的右侧位置。越是放在上层，使用频率越低。柜门里面存放着手套、太阳伞等等外出用品。此外，我在柜门上粘贴了几个挂钩，用来存放钥匙和印章。

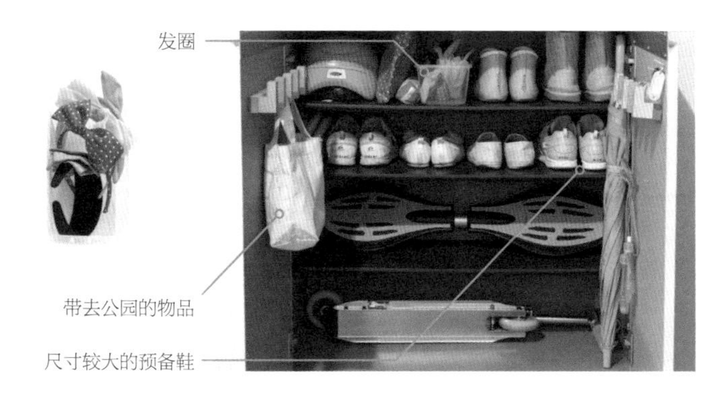

女儿

除了鞋子之外，还要将玩耍的道具、伞等外出物品收纳整齐。女儿的鞋子一共有6双，其中2双是在学校用的，3双是私下用的，1双是雨天用的。发圈也是常用品，收进盒子里摆放在靠门的位置，以便伸手就能取到。

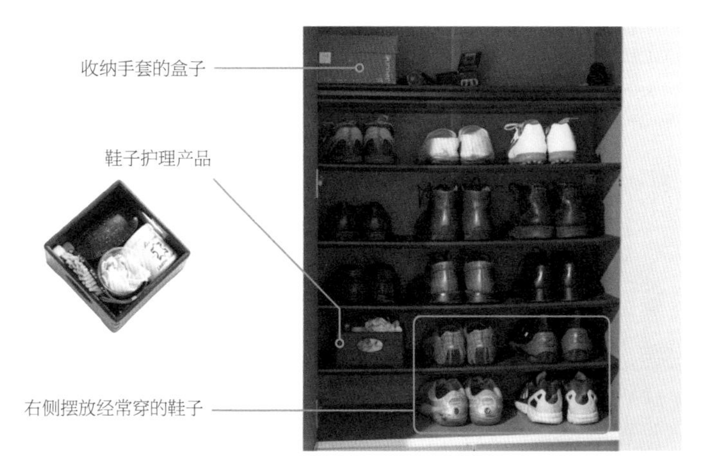

丈夫

下面2层摆放经常穿的鞋子。丈夫是右撇子，所以我会将常用的鞋子往右边靠。上层则是放置很少有机会穿的鞋子，比如足球鞋。盒子里放着手套等，从春季到秋季之间用不到的物品。

Column

翻看照片整理法

照片是用来回忆幸福时光的道具。保存的目的不是搁置。如果你有上千张孩子的照片，你还能轻松愉快地看完所有照片吗？如果浏览大量相似的照片不能给你带来愉悦，不妨留下符合你的审美的照片，清理掉剩余照片。此外，不要勉强一次性整理大量的照片，照片是需要花时间慢慢整理的。

冲印照片

将冲印出来的照片分两格抽屉保存。

1

偶尔回顾过去的照片，偶尔热烈地谈论往事。如果在翻看照片的过程中，发现你对某些照片失去了兴趣，刚好可以趁机清理。

当你的抽屉里装满了照片，没有存放新照片的空间时，请用手机拍下已经失去兴趣的照片，然后将它们清理掉。

2

当抽屉里再也装不下任何东西的时候，就有机会重新整理了。将需要清理的照片放到白纸上，用智能手机拍下来，上传至云盘。然后用纸包起来，扔进垃圾桶。

照片存档

从当天拍摄的照片之中挑选 1~2 张保存下来，删除剩余选项

1

用智能手机拍的照片应该在当天整理好。利用忙里偷闲的空闲时间，从中选出 1~2 张照片。如果带着明确的目的去挑选照片，比如『要给父母看』，就能更加迅速地整理好照片了。

上传至云盘，与家人共享

2

将你拍摄的照片上传至与家人共享的云盘。『家族相册 要看哦』APP 会发通知给受邀请的用户，你的家人可以随意浏览云盘中的照片。直接传送照片，或许会给对方增加精神上的负担，比如『不知道回复什么信息比较好』，『一时找不到合适的辞藻，可是已经显示信息已读了，对方会不会对我有意见呢』。保存到云盘里则可以避免这种情况。

充分利用相册APP

Part 2

减轻负担，放松身心

每天的家务活

掌握家务活的主导权

对我来说，家务活与其说是不擅长，不如用讨厌来形容更为合适。比如，自从成为全职主妇，我每天早晚都会打扫一次卫生，但若是处于独居的状态，我恐怕不会这么做。

正因如此，开门见山地说，我做家务的目的就是“必须做”。我是这个家的女主人，所以我不得不操持所有的家务。而我无时无刻想要迅速地做完家务，尽快从“不得不做”的状态中解放自己。好比学生面对暑假作业时的心情。

为此，我必须想方设法尽力降低每天所要做的家务活的难度。放弃一切可做可不做的事情，如有代替手段就不要亲力亲为。比如，既然可以用洗碗机代替人工洗碗，我何必自己动手？洗碗机和干燥剂是我的好帮手！积极地采用这些方法，不停地尝试、探索，最终算出自己能够承受的工作量。我觉得烘干衣服要花 10 分钟简直太麻烦了，但是如果只需要 5 分钟（实际上是 8 分钟）就能接受。既然我的理想时间是 5 分钟，我的心里便会萌生好好完成家务活的勇气。

不要因为被繁重的家务活压得喘不过气而感到厌烦。大家要明白，家务活是由自己来主导的，不妨尝试各种方法，麻利地完成任务吧。通过掌握家务活的主导权，就能给令人厌烦的家务时间稍微增添一些乐趣。

首先核对自己做家务活的时间

这个世界上充满了数不胜数的打造精致生活的方法。学会这些方法，我们便能精心制作一道菜，将衣物折叠得整整齐齐的……然而，这些方法会增加家务的工作量。我认为我们没必要通过折磨自己来提升生活品质。因为，我们已经在家务活和育儿方面尽职尽责了。

心想着“必须给孩子亲手做饭吃”，就会自动提高难度，花费许多时间烹饪菜品，甚至可能怀着不耐烦的心情催促着孩子快点品尝。为了避免费力不讨好的情况，将自身的负面情绪扩散给家人，不妨在忙不过来的时候叫外卖。与其追求看似完美的生活，不如将优先考虑自己的情绪。不要背负过多的压力，让日子过得张弛有度。

根据某个节目的数据，可知家务活的平均时间为 3 小时 35 分钟。虽然我做家务的时间低于平均时间，但我依然不够满意，因此我正在想方设法进一步减少时间。为了避免过度劳累，不妨同我一起重新规划干家务活的时间吧。

[原村阳子的家务活时间分配表]

一天需要花费多少时间做家务活呢?

将每件家务所需时间写出来，就能找到“过度劳作”的源头

6:00 起床。花 5 分钟拖地。花 3 分钟打扫洗手间。

6:30 花 5 分钟将晒干的衣物收进衣橱。花 3 分钟给植物浇水。
炖汤（3 天做一次），花费 20 分钟。

7:00 丈夫，孩子起床。在室内烘干被褥（偶尔）花费 3 分钟。准备早餐，花费 5 分钟。

7:30 和家人一起吃早餐。孩子去上学。收拾餐后垃圾花费 5 分钟。

8:00 准备好午餐吃的饭团（偶尔），花费 1 分钟。

8:30 丈夫出勤。收拾衣橱里的晒干的衣服，花费 1 分钟。

9:00 前往公司。利用坐电车的时间在网上超市订购商品（1 周 1 次），花费 10 分钟。

17:30 回家。将食品收进冰箱（1 周 1 次），花费 10 分钟。
孩子回家后，做好味噌汤（2 天做 1 次），花费 15 分钟。

18:00 打扫浴缸和浴室，花费 1 分钟。

19:00 准备晚餐，20 分钟。

19:30 和孩子一起吃晚餐。收拾餐余垃圾花费 10 分钟。
打扫厨房、起居室、餐厅，花费 5 分钟。

20:30 孩子睡觉。我开始洗衣服。

21:00 烘干洗干净的衣物，花费 8 分钟

24:00 睡觉

核查过度劳作的要点 check point ❶
筋疲力尽的时候叫外卖吧，可以节省 15 分钟。

核查过度劳作的要点 check point ❷
吃便当的话，可以省去 5 分钟的洗碗时间！

核查过度劳作的要点 check point ❸
重新添置一台具有洗涤干燥一体功能的洗衣机，或许能缩短 8 分钟时间？

家务花费的时间 合计 2 小时 10 分钟

目标：将时间控制在 1~2 小时之间！

如何甩开干不完的家务活的 8 种方法

为了不在家务活上用力过猛，下面我将为大家介绍我所实践的方法。

干脆不做，就能抛下许多“细枝末节”；不再迷惘，将一些家务扔到一边……

只要减少家务活的工序，就能降低家务活的难度，轻松地完成原本觉得非常困难的事情。

放弃“可做可不做”的任务

我认为我们吃得已经够饱了，家里整理得够干净了，可以不用在烹饪和洗衣物方面费太多工夫了。奢侈的晚餐，每天洗衣服，重装调味料以及洗涤剂……细枝末节多不胜数，不如放下那些“不需要特意去做”的事情，简化工序，省时省力。

形成条件反射，避免迷茫

我对于家务和收纳的口号是：不去思考。不去思考就能主动完成一件事情—— 一旦掌握这种方法，就能轻松且长久地持续下去。因此，为了避免迷茫和烦恼，我们要将家务工具清理一遍，确保 1 种工具具有 1 种尺寸。备齐工具和材料，随时都可以开始工作。

戒掉多次重复劳动

在下厨烹饪的过程中，洗菜、切菜等准备工作以及餐余整理都是不可或缺的步骤。如果不是每次分开做准备或是分多次打扫卫生，而是一次性处理的话，每天只需要劳动一次即可完成任务。早餐的汤品，晚餐的味噌汤，食材的准备，无论是哪一项工作，都可以在时间充裕的时候一次性做好，这样就能减少烹饪的工序。

不给自己制造麻烦

每天都能持续做不擅长的家务的秘诀，就在于家务活不麻烦且省心。总之我的情况是这样的。尽量不要将物品搁在地板或架子上，而是整洁地挂在墙面。清洁用具和垃圾桶，用过之后就摆放在一边。不要总想着“得把这些东西拿开”“必须到哪里拿过来用”。给自己减轻负担，就能打起精神做家务活。

将一部分家务活交给丈夫做

做好收纳整理以及家务活的规划，让整个家里变得干净又整洁。在此过程中，丈夫多次参与家务，帮了我不少忙。于是我感觉家人可靠且值得信任，这让我做起家务来更加得心应手。如今，以做饭和烘烤面包为首，包括但不限于打扫厕所、清扫换气扇，给女儿编头发等工作都可以放心地交给丈夫做了。

搁置家务

浸泡衣物一段时间之后再洗，利用空闲时间烹饪菜品……在众多家务活之中，有的工作不需要花费力气，只需要花时间等待就能完成。不需要辛苦耕耘就能获得成果，非常适合我这种追求轻松的人！只要积极地采用这些方法，就能让麻烦的家务活变得易如反掌。

欺骗自己

为了不让自己觉得做家务活很麻烦，就需要灵活运用时间感和视觉信息。告诉自己，需要做 8 分钟的工作其实只需要 5 分钟。如此一来，即便工作量没有发生变化，由于心理时间变短了，便会感觉轻松许多。这个诀窍的方法的关键是要欺骗自己，“这么点工作量完全小菜一碟啦”。像这样，每天通过撒一些不痛不痒的慌来鼓励自己。

只做自己力所能及的事

我受到例假的影响，身体情况和情绪，以及食欲会在 1 个月期间发生明显的变化。我会详尽地观察，记录下这些变化，以便回顾身体状态高低起伏的情况。状态不好的时候，面对麻烦的家务活完全提不起兴趣，效率低下；而在状态较好的时候，我会积极地做好每一件家务。

放弃“可做可不做”的任务

[偷工减料地烹饪晚餐]

我平日里需要上班，比较繁忙，那么不妨提前计划好在能力范围内能够做几道菜。比如，我下班回家后只能完成好一道菜——只要得出这样的结论，做起来就会很轻松了。请不要被三菜一汤的配置束缚住，认真做好力所能及的事情就行了。

我一般会做使用蒸汽保护套包好食物，放进微波炉里加热的菜品，以及能够迅速做好的炒菜。另外，我会用常备着的纳豆和豆腐一起做味噌汤。餐前，我不需要花费太多时间做准备；饭后，我能在短时间内完成餐后整理。总之，我能保证孩子早睡早起，养成健康的作息习惯。

餐后也要省心！

不需要擦拭没有结露的杯子

这是我在夏季经常用到的杯子和平底玻璃杯，都是不容易结露的款式。外壁不会变湿所以不需要擦拭；隔热效果好，不需要准备杯垫。

纳豆和豆腐是优秀的快餐

我们家补充蛋白质的来源是纳豆和豆腐。这两种食物不需要烹饪便可直接食用，所以只需要将它们从包装盒移到盘子里。准备菜品的时间比较短，并且能让孩子帮忙。

[减少洗刷工具的次数]

最不便于清洁的厨房用品就是砧板和平底锅。由于这类物品体积大，几乎占据了水槽的全部空间，一放进去就没心情洗其他东西了。

尤其是砧板，洗掉上面的气味以及沾上的颜色确实非常麻烦。因此，我会将肉类和鱼类食品放在托盘上，而泡菜则是放在盒子里剪开。至于平底锅，我不会在繁忙的早晨使用锅类厨具，而是用烤面包器来取而代之。

砧板

平底锅

泡菜放在盒子里剪开

鸡肉放在托盘上清理

将早餐食用的德国香肠放进烤面包机

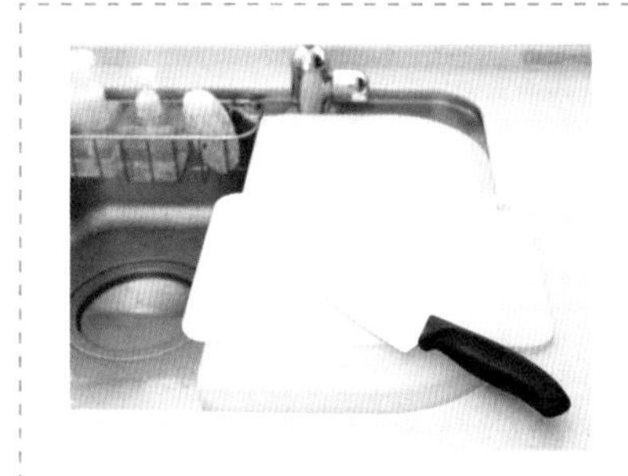

使用砧板时……

将2张砧板叠在一起，只需要清洗小砧板

用小尺寸的砧板叠在又大又难洗的大砧板上方，尽量不弄脏下面的大砧板，只需要清洗小砧板。这种小型砧板的价格比较便宜，随时可以更换。

[不重装]

我添置了一些能够刚好装下1袋调味料分量的容器，今后便不需要频繁往里面补充调料。每种调料的容量都不相同，而容器的尺寸也是种类繁多。顺便一提，照片里的调料分别是白砂糖和太白粉，

白砂糖放在里面的位置，太白粉放在近处。将一包调料全部倒进容器，就不会产生余量，同时也省去了存放剩余分量的空间。

白砂糖和太白粉都是在网上超市买到的，装进容器之后不会产生余量。每个容器刚好能装满一袋调料，让我感觉非常轻松。

［不叠］

内衣和家居服，脱下来不久以后又要穿上身，每脱一次就要折叠也未免太麻烦。并且，这类衣服大多数都采用了不容易起皱的材料。与其隔一段时间再去折叠，不如一开始就决定不折叠，迅速将它们收进抽屉。我将用手指捏起衣服迅速扔进抽屉的工作命名为“素面风格”。

[不洗]

一件衣服，每洗一次就要受一次损，可能会造成掉色、变形等问题。我不想让自己喜欢的衣服过早变旧，所以不会每次穿过了就洗。我会将它们挂一段时间，等湿气散去之后再收起来。

洗衣服的时机和食物的保质期一样，如果感觉气味和触感不对劲，一定得拿去洗。把握好洗衣服的时机，能为我们省去不少麻烦。

[不整理]

衣物晾干后，不少人会觉得一口气整理好所有衣物特别费事，因此习惯将它们摊在沙发上。长此以往会形成恶性循环。为了避免这类问题造成不良影响，我要向大家推荐 “熟记收纳整理的技巧”（P63）。简而言之，即分解整理衣物的过程，按部就班地完成每一个步骤。将衣物收进来之后，分别放在每一位衣服主人的衣橱上方。至于收纳的工作，自然是由衣物的主人来做了。

迅速投入各自的区域！

女儿

丈夫

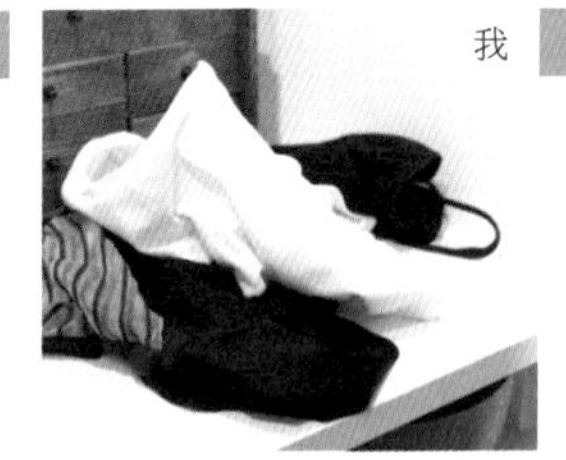

我

打造一间不需要整理床铺的卧室

床铺下面是储藏室

床铺下方的抽屉里装有季节性的家电、户外用品，以及纪念品。和存储照片的方法相同，抽出床板，就能取放物品。

我认为卧室就是用来睡觉的地方，不需要有其他功能，于是将卧室改建成了一个大床铺，保证有足够的空间容纳三个人。只需在上面铺上床垫，就能美美地睡上一觉。由于床铺的侧面与墙壁合为一体，不留任何缝隙，所以不需要特意花时间整理床铺。并且，再也不需要清扫缝隙以及床铺下方空间了。

此外，为了方便直接在卧室里晾干被子，我在墙壁上安装了一根晒衣杆，再也不需要将被子搬来搬去，省时又省力。

[在室内晾晒被子的方法]

搭好晾衣竿，挂上被套

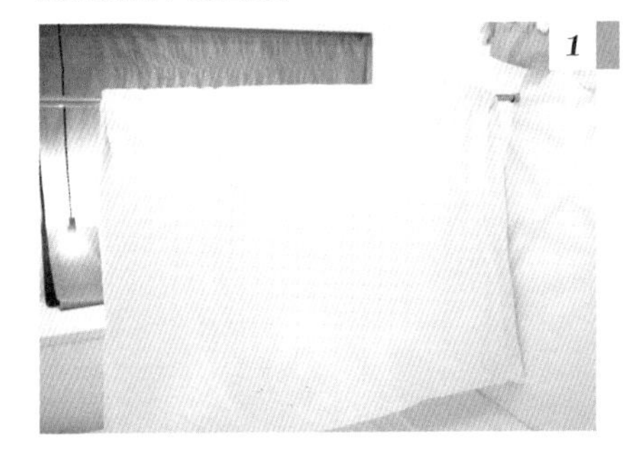

将床垫竖起来搭在墙上

如果你担心床垫变得潮湿，不妨将床垫立起来靠在墙上。只需要放置一段时间，潮湿的空气就会全部溜走。

在窗帘上喷洒除臭喷雾

如果你闻到了汗臭味，或者感觉到空气混浊，不妨在窗帘上喷洒除臭喷雾。相比室内喷洒的效果更高。

在墙壁支架上搭建晾衣竿。挂好被套，打开窗户，晾晒被套。晒衣杆收纳在床垫和墙壁之间狭窄的缝隙里。

省时购物法

购物需要花费大量时间，比如出门前要确认家里的存货数量，回家之后需要整理买到的商品。

只要略微调整购物的方式，就能减少购物时间，增加属于个人的时间。

主要通过网上超市购物

我舍不得花时间去超市购物，所以每周会通过网上超市买一次东西。我一般会在通勤的电车里下订单。因此，我不需要特地留出用于购物的时间，不需要考虑下班后要早点去超市买东西，从而消除为生活忙碌奔波而产生的焦虑情绪。

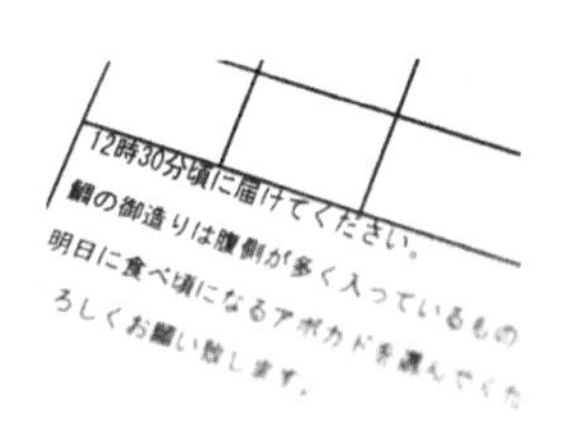

在备注里写明要求

我会在订单的备注栏里写上一些要求，比如“刺身只要腹部的肉”“牛油果要熟了的”。拜托具有眼力的专业人士帮忙挑选，就能买到符合自身需求的商品。

提前决定要买的东西

只要去 100 日元商店（相当于国内的 1 元店）购物，我就会忍不住左顾右盼，花很多时间挑选商品，总是没办法确定最终选项。没有目的的购物非常容易浪费时间。因此，我会将需要购买的东西记入列表。比如，橡胶手套、塑料袋，以及薄板……我会一边看智能手机的记事本一边逛卖场，从而节省时间，避免绕道。

无需经常检查存货

我在冰箱门上贴着 DO+BUY 列表。DO 是要做的事情，BUY 则是要买的东西。如果在烹饪的过程中发现有东西用完了，我会立刻记录下来。于是，前往超市购物之前，我会用智能手机将待购列表的内容拍下来。掌握这个方法，我再也不需要翻箱倒柜确认存货情况了。

分袋包装，收入不同区域

我去超市购物的时候，总是会在收银台要 3 个袋子，结算完成之后装袋也完成了。3 个袋子里的东西分别收入冷藏室、蔬菜室以及冷冻室。请注意，我们不是按照重量或形状，而是按照冰箱的位置来分别收纳物品。如此一来，回到家就能顺利地整理物品，并且不需要频繁地打开冰箱。

不把垃圾带回家

衣服的标签、连裤袜的衬纸、包装纸以及纸袋……对于这些毫无用处的东西，我都会在店里取下来扔掉。最终只将衣服带回家，

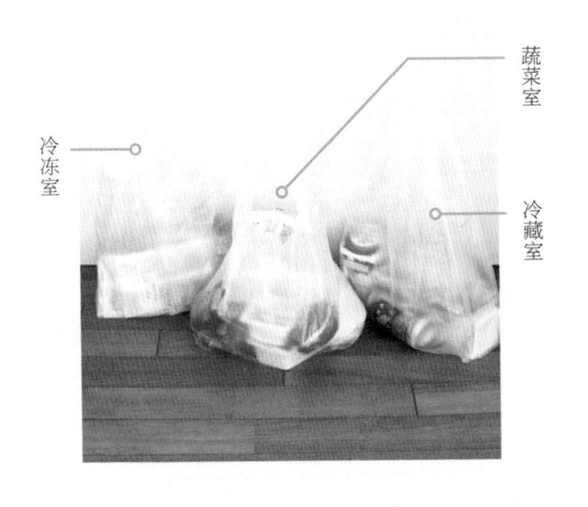

一件件叠好收进衣橱就完事了。建议大家不要把清理垃圾的工作带回家，而是要当场完成工作，省去回家清理垃圾的时间。让生活变得更轻松。

不用家庭收支薄记录开支

我一般用信用卡来支付水电燃气费和伙食费等生活开销。只要查看信用卡的清单，一个月的收支便一目了然。我会根据每个月的目标储蓄额算出生活费的上限指标，我可以在指标内随意花销。目的不完全是节省钱，而是把钱花到更有意义的地方。

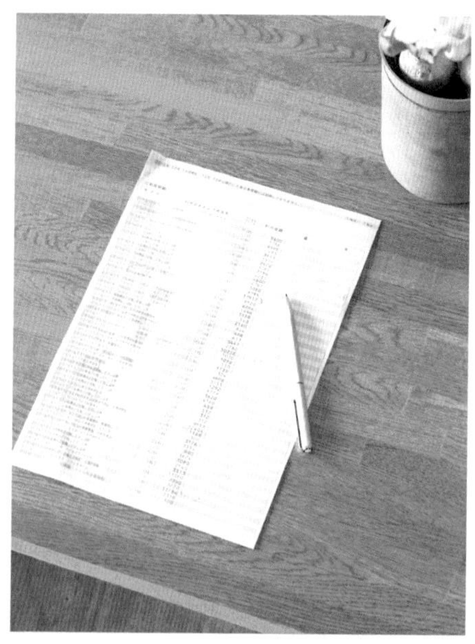

只需要检查超出预算的项目！

通信费[1]的变化幅度往往比较大，所以每个月都必须仔细检查每一项费用，并在此基础上规划下个月的使用方式。日常生活中突然发生的支出以及购买大件商品所需费用，在一个月的消费记录之中往往占据明显的位置，从中我们可以找到生活发生的变化。

①通信费包括电话费、快递费、网费等费用。

当机立断，拒绝拖泥带水

[任何物品只保留一种]

衣架、洗衣网、存放物品的容器……这些商品往往有许多不同的种类和尺寸，但我反而只会挑选其中一种。这是因为，如果每种商品都要添置几种款式，我还得按照不同用途采购不同的商品。若是将大量时间用于购置日常用品用具，便没有时间分给其他更重要的事情（比如和孩子相处的时间以及自己的休息时间），从而导致我没办法享受当下的生活。另一方面，收纳的诀窍是将物品放置得比较紧凑，不要让洗衣网和衣架缠在一起。简单生活，省时省力，减轻家务活的压力。

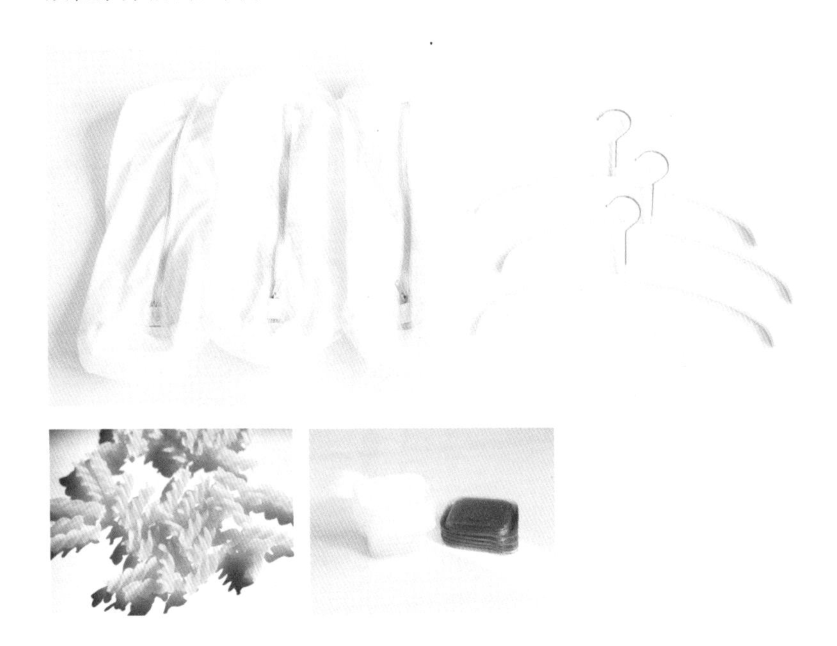

通心粉方便孩子食用

购买意大利面时，我一般选择通心粉和螺旋粉。无论是购买还是烹饪，都不需要深思熟虑。这种短短的意大利面，8 岁的女儿吃起来特别方便，不用担心食物残渣掉得一片狼藉。做的人轻松，吃的人开心，营造融洽的就餐氛围。

[不受时间束缚]

工作日期间，我一般会在晚上洗涤衣物，然后在室内晾晒。这种方式能够确保雨天也能晾干衣物，并且不需要担心第二天的天气。用烘干机烘干洗干净的衣物，挂到晾衣竿上，只需等待一段时间便自然会干透。即便当天身体疲倦，也能做完如此简单而轻松的家务活。

此外，出门之后无需担心是否会下雨，或者为了收衣服而焦急地赶回家。单是不要考虑时间和天气因素，就能如释重负。

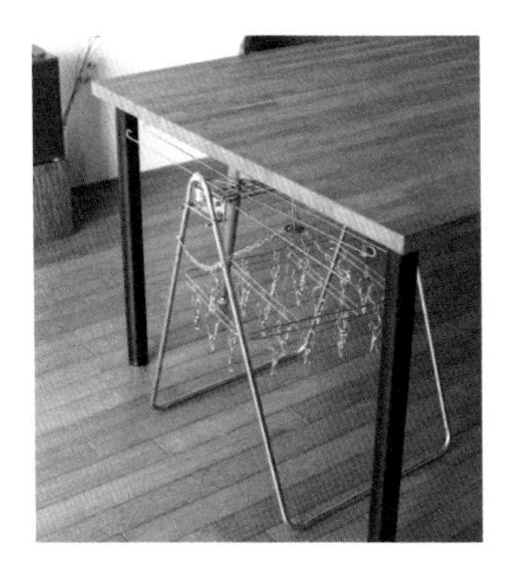

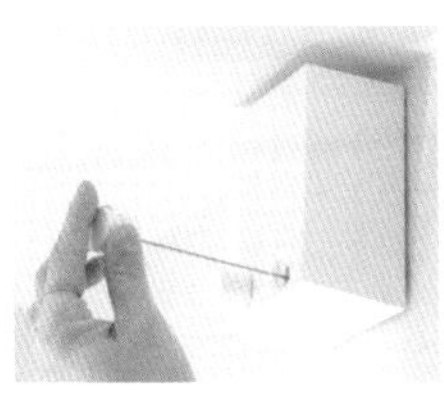

在晒得到太阳的窗边设置能够收缩的晾衣绳。只在需要用的时候打开，便不会变成障碍物。

将晾衣架放置在桌子下方

使晾衣架和方形的衣架保持随时可以使用的形状。省去了搬运到阳台上重新组装的时间。

[保持待机状态]

我会把早餐食用的面包、面粉、菜单，道具全部收纳在一个盒子里。我偶尔会在周末制作烤饼和薄煎饼。因此，我会在空闲时称好做一次点心所需的各种分量，然后将它们分别装进袋子。

当我打算做点心的时候，如果每次都需要查看分量，准备道具的话，未免太烦琐。只要提前规划好制作步骤，集齐材料，动起手来便能干脆利落。化繁为简，即可轻松降低烹饪的难度，同时能增添自信。

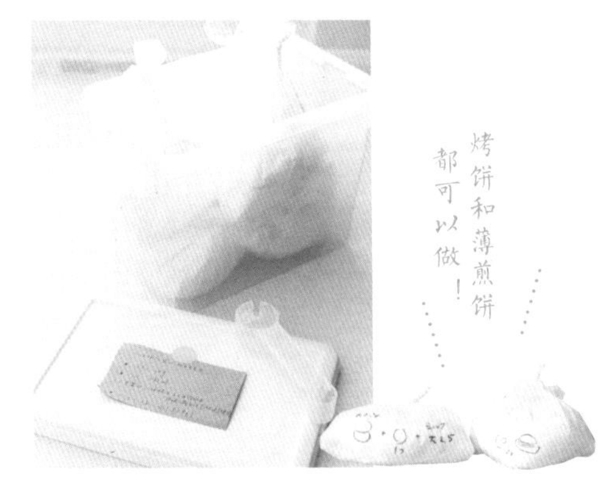

省去麻烦

[家里没有沙发和小地毯]

日复一日，我总是从拖地板开始拉开一天的序幕。为了方便拖地，我没有买沙发和地毯。由于大沙发不便经常移动，所以我用单人沙发取而代之。我能轻松地移动单人沙发，避免在死角积累灰尘。总之，想方设法清除一切麻烦，就能降低打扫卫生的难度。

使用靠垫保暖的方法

天气冷的时候，将脚放在靠垫上面，盖上一条毯子，就能轻松地达到保暖的效果。只要家里小孩不是喜欢在家里到处乱滚的年纪，上述材料绰绰有余。

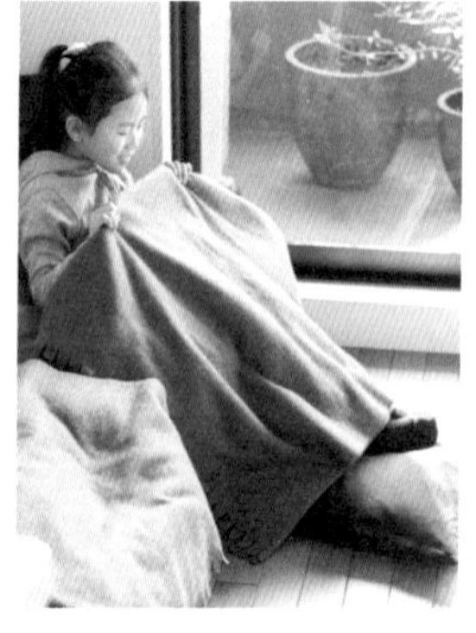

[不再需要到处找东西]

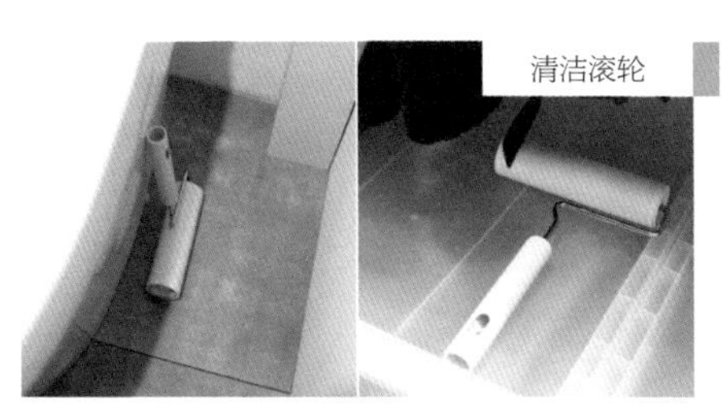

我在家里的各个角落放着清洁滚轮和垃圾桶。其中，清洁滚轮放在厕所和衣橱里，垃圾桶则是放在桌子和餐厅里。为了打扫而特地去找这些工具未免太麻烦，而只要放在身边，一旦发现有脏污，立刻就能清理干净。顺便一提，买到清洁滚轮之后，我会直接在店里扔掉包装袋，到家后直接将它摆放在合适的位置。省时省力，同时还能省去拆卸包装的麻烦。

[挂起来，不碍事]

将东西收纳在墙壁上便于取放，尽量将所有物品挂起来。尤其是浴室和厨房等沾到水的位置，一旦放置淋湿的东西，就很容易造成发霉或黏滑。为了避免这些问题的发生，我们不妨在墙上安装挂钩或者夹子，让物品浮在空中。另外，不在台子或者架子上放东西，就不需要移来移去。不但降低了打扫的难度，而且能够帮助我们养成清扫擦拭家具的好习惯。

[观全景而知其问题]

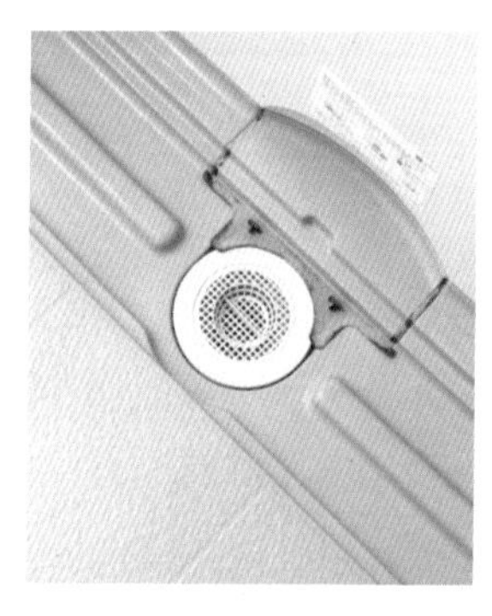

拆掉纸巾的包装

回家以后，将在街上拿到的小包纸巾的包装拆开，放到洗手间的架子上。这种纸巾可以用来清理掉在地上的头发。

浴室里面的排水沟，隐藏起来的话反而容易积累污垢，还不如取下罩子，看清楚里面的情况。倘若你一眼便能看见脏污，便不会弃之不顾，而是立刻将碍眼的垃圾清理掉。每天，我会在泡澡的时候用三聚氰胺海绵将排水沟擦得亮亮的，然后用纸巾包起缠绕在附近的头发，一口气扔掉。排水沟的卫生打扫起来并不难，洗澡的时候顺便动动手就能轻松还原一片干净整洁的地板。

有了随时清扫术，再也不需要大扫除

每天稍微清扫一些地方，可以免去大扫除。

将随时清扫术编入每天的家务流程，像刷牙一样养成良好的习惯。

[洗澡时清扫浴室]

擦拭浴缸和镜子

使用三聚氰胺海绵，迅速擦拭在浴缸和镜子上面形成的水垢。将三聚氰胺海绵夹好，挂在浴室墙壁上。

隔断墙壁上的水蒸气

我一般使用刮刀清理墙壁和天花板的水滴。用完之后放在毛巾杆上面，用起来方便，过后也能轻松收拾。

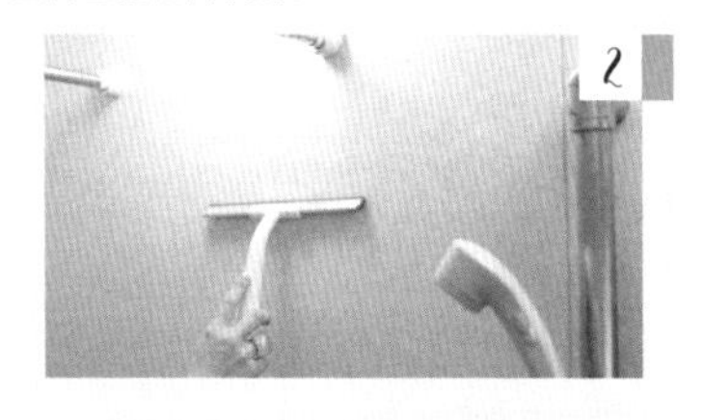

捡起头发

在更衣室擦干身体之后，我会拿起架子上的纸巾去浴室清理附着在排水沟的头发，包成一团扔进垃圾桶。

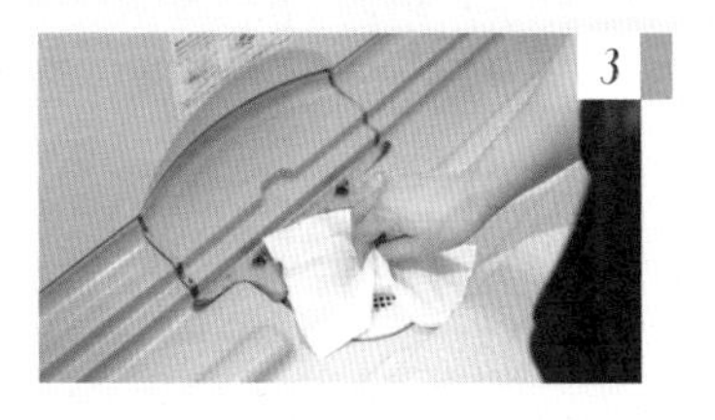

[烹饪过程中打扫厨房]

使用炉灶期间，用沾水的抹布清洁周围

抹布沾上水，放在灶台旁边，手一空下来就可以时不时地擦拭炉灶。即便炉灶上沾有顽固的油污，或是刚刚沾上的油污，都可以用水清洁干净。我所使用的抹布是用微纤维制成的。

更换纸巾时，清洁抽油烟机

每当我需要更换厨房纸巾的时候，我会习惯性地清洁抽油烟机。我会对着抽油烟机喷洒弱碱性洗涤剂，打开一包新的纸巾，用前两张来清洁污垢。

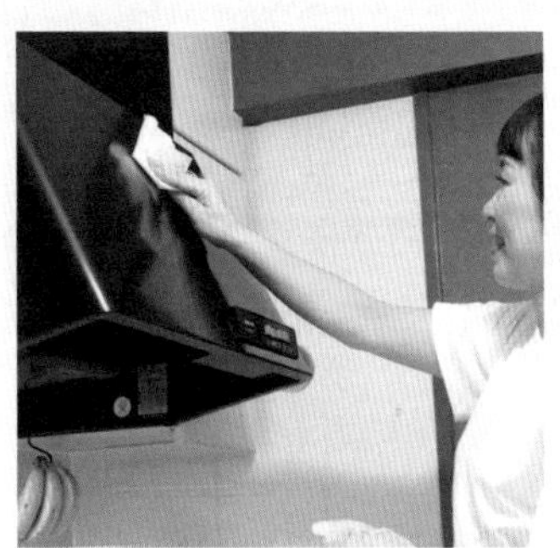

[早晨的 5 分钟清扫]

拖地板

轻轻地用拖把擦干净前一天夜里飘落的灰尘。按照从里到外的顺序，依次清扫洗手间、厨房，最后到达起居室的窗边。

用清洁滚轴来收尾

将灰尘聚集到一处，然后用清洁滚轴全部吸干净。不需要特地拿出吸尘器，用放在身边的东西清扫反而更轻松。

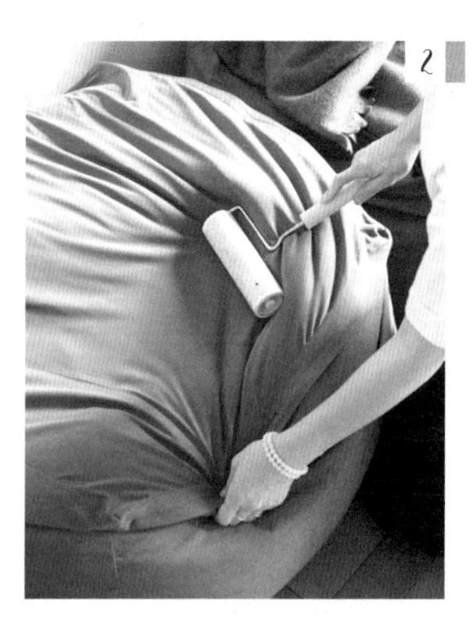

清洁布质材料的灰尘

用清洁滚轴在脚垫或毯子上滚来滚去，就能清除粘在上面的灰尘。一边滚动，一边用另一只手拨平褶皱，还原干净的状态。此外，通过除掉一些绒毛，还能预防因掉毛而产生灰尘。

清洁滚轴存放在起居室

在起居室里放一个文件收纳箱，用来存放打扫卫生的工具。除了清洁滚轴之外，还有毛掸子。工具旁边则是放着垃圾桶，方便随手清理垃圾。

[晚上的 5 分钟清扫]

打扫厨房地板

按照之字形的路线擦地板，擦干净泼溅的水以及油污。也可以拿起用过的厨房纸巾擦掉这些污渍，比拖地更轻松。

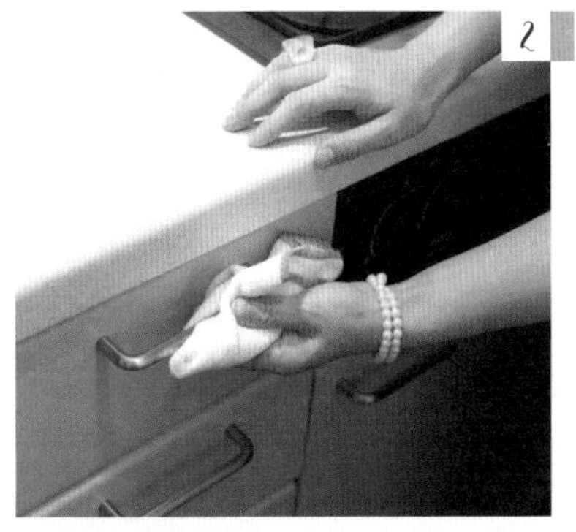

清洁调理台和橱柜

用沾上水的微纤维抹布快速擦拭水槽和抽油烟机周围。同时不要忘记清洁容易变脏的橱柜把手。

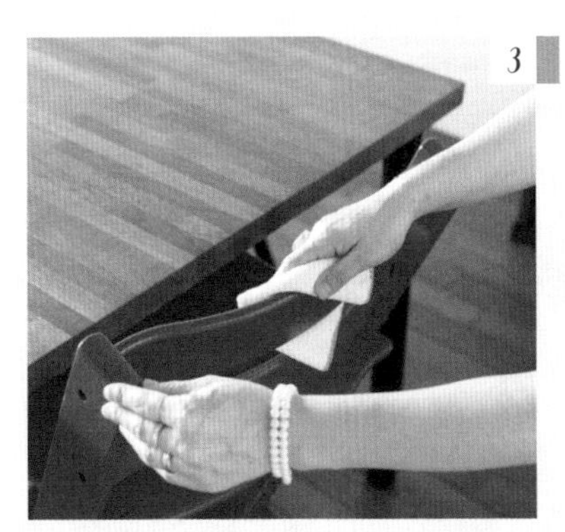

清洁桌椅

接下来移动到餐厅，擦干净家具上的灰尘。椅背和椅子脚容易积灰，一定要用力擦干净。完工之后，将抹布放进洗衣机里，按下洗衣键清洗，时刻保持干净的状态。

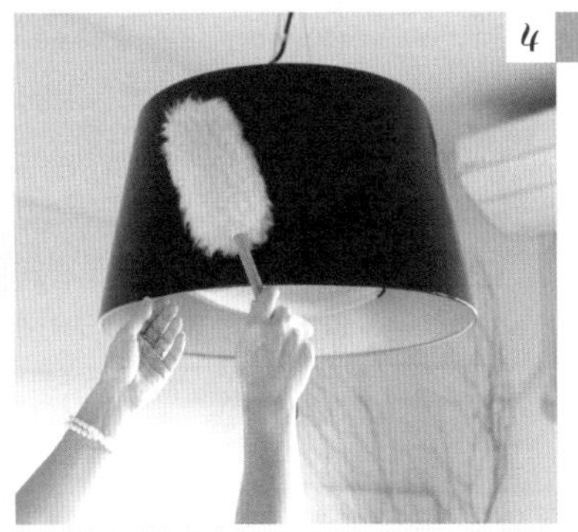

清扫电视和灯具上的灰尘

最后，主要清扫电器上的灰尘，比如电视、灯具、电脑等。用毛掸子轻轻地附上电器，吸走灰尘。

改掉［分步准备］的习惯

［整合→一次性完成］

一次性蒸 5 盒米饭，早餐喝的汤一次性做 3 天的分量，晚餐喝的味噌汤一次性做 2 天的分量。到了第 2 天或 3 天，我会往里面增加配料和高汤。制作的分量会继续增加，但是烹饪的工序没有发生变化，比起每天做一次更高效。每道菜所使用的餐具相同，因此可以少洗几个碗。蒸饭的话，留下当天的分量，剩余的则是做成饭团或者放到保鲜盒里冷冻起来。匆忙准备蒸饭的焦虑情绪便会烟消云散！

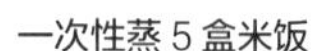
一次性蒸 5 盒米饭

做 3 天分量的汤

盛满蔬菜的清汤，适合搭配豆浆或番茄罐头食用。

做 2 天分量的味噌汤

倒入水的同时加入味噌汤的粉末打底，接下来只需要加入豆腐和冷冻的海带段，即可完成一锅味噌汤。

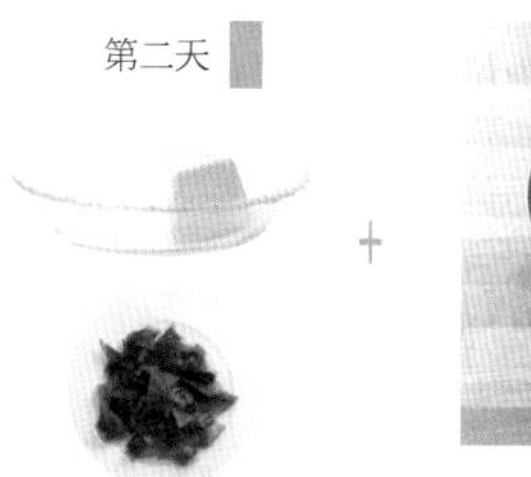

同时减少了清洗锅子的次数！

[一次性准备好]

为了保持良好的生活节奏，我规定好了家人的晚餐时间。如果今天由于工作繁忙而晚归，没有多少时间做饭，就必须提高效率。给生姜削皮，海带去盐等需要花时间准备的工序，在时间充足的时候准备好。蔬菜和油炸豆腐，也在时间充足的时候剪成合适的尺寸。一次性准备好材料，不仅省事，并且还能减少洗菜的工序。

大蒜去皮，生姜削掉皮。用于制作意大利面或是炒菜。

制作味噌汤需要用到的油炸豆腐、蘑菇、大葱，剪成方便一口食用的尺寸。将盐水海带清理好之后，它会自动缩水变干。接下来要做的事情非常简单，将食材倒进锅里煮开，即可完成一锅可口的味噌汤。

[充分利用手套]

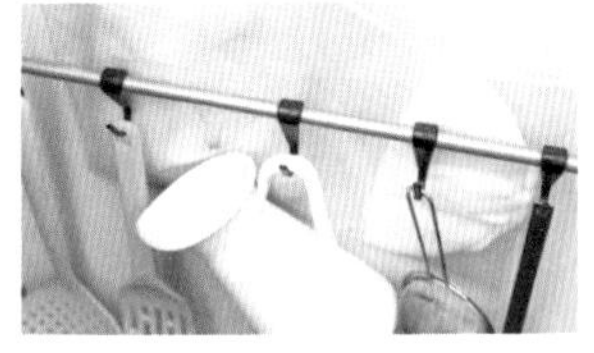

收进黄金区域

一次性手套收在灶台下方的橱柜门的内侧，方便随时取用。在装手套的袋子上钉上钉子，便于从上方取用袋子。

我们的手也是一种道具。在烹饪鱼类和肉类的菜品时，戴上一次性塑料手套，可以避免弄脏双手。只要保持手部干净卫生，就能同时做几项工作，从而加快烹饪的速度。用过之后将餐余垃圾抓在手里，然后翻转过来，手套摇身一变成为垃圾袋。用途多样化且环保，一次性手套是经常下厨的人的绝佳选择。

丈夫与我共同分担家务

[通过丈夫的眼光选择家电]

这是我家最近添置的最新款吸尘器。这台吸尘器是我丈夫亲自挑选的。他想要尝试新款机型的新功能，买到手之后便更加积极地参与卫生打扫。我想利用丈夫对家电产品的兴趣，激发他对打扫的热情。因此，每逢购物日，我总是会留下两个终极选项交给丈夫选择。丈夫决定购买某件家电，等同于自愿参加家务活。

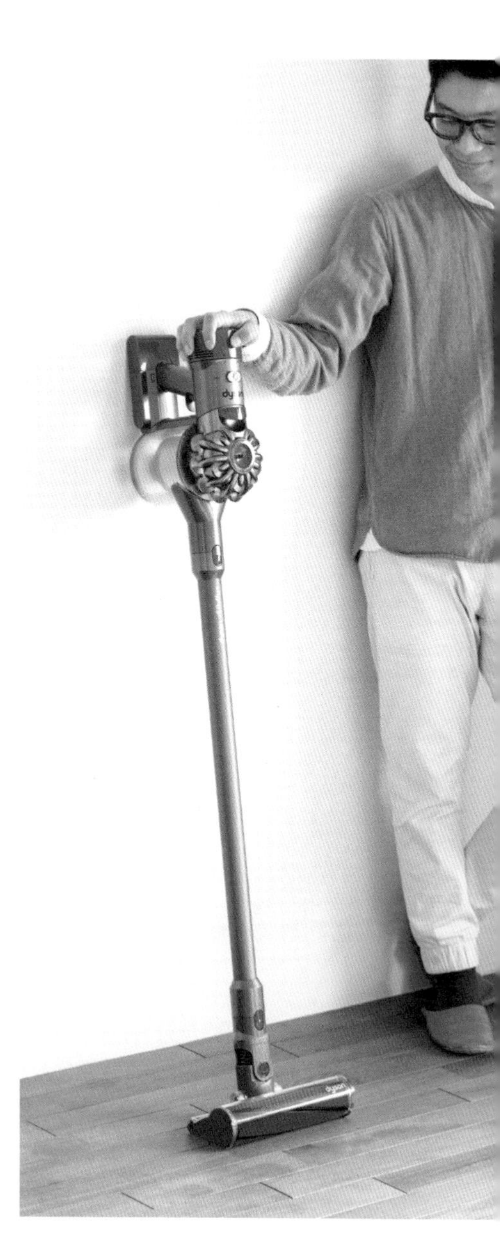

熨斗的外形非常炫酷

复古造型。熨衣服非常轻松。

[夫妇俩一起晾衣服]

家庭是由家人共同努力经营的。这种想法在我心里扎了根，所以我们俩会共同分担家务。在休息日以及丈夫回家比较早的时候，我们一定会一起晾衣服。

[拜托丈夫打扫厕所卫生]

我在请求丈夫帮忙做家务的时候，一定会表达自己的想法。比如“厕所干干净净的，大家的心情也会变得美丽”。如此一来，在不知不觉之间，丈夫开始帮忙打扫卫生了。请注意，将工作交给丈夫之后，即便发现有所不足，不要用严格的标准要求对方，也不要指责对方，默默地关注就好。

[基于丈夫的喜好采购食品]

照片上的意大利肉酱焗饭是丈夫第一次为家人做的料理。女儿吃得干干净净，丈夫特别开心，由此对烹饪产生了浓厚的兴趣。这可帮了我不少忙。并且因此发掘到了丈夫的喜好，让我感觉非常新鲜！

以此为契机开始下厨

我珍惜丈夫对烹饪的这份热情，所以我会采购他喜欢的意大利料理的原料备在家里。我们家的阳台上还种着香草呢。

[按照方案来煮饭]

我家习惯一次性煮上几天的饭，吃完冷冻箱里的饭之后再煮饭。为了方便大家随时煮饭，我将米和水的分量以及浸泡的时间写在便签上，贴在家里。只要丈夫看到便签，无须查资料（比如不需要烦恼加水的分量）就能迅速完成所有步骤，煮出香喷喷的米饭。于是丈夫从成功中获得自信，与此同时，我会对他寄予信任，彼此之间建立良好的互助关系。

搁置家务

[清洗胸罩的方法：只需放在水里浸泡一天]

我家的浴室里面有一个专用洗胸罩的桶子。沐浴时，我会将胸罩放进去，用洗涤剂加上热水泡一天。到了第二天沐浴时，我会轻轻地涮洗一下，然后用毛巾擦干身体之后擦掉沾在胸罩上的水。为了防止变形，我在清洗的时候不会揉搓。因此，清洗胸罩不需要费多大工夫，只需要轻松地等待时间流逝，脏污自然会脱落。

[倒开水就能泡上一杯美味的咖啡]

挂耳咖啡很难泡得好喝。即使用铁壶烧水，把握好水温以及倒水的方法，也不一定能泡出令人满意的味道。因此，冷萃咖啡是最合适的。使用咖啡机泡咖啡的话，只需要往里面注水，然后放在一边等待。晚上睡觉之前设置好泡咖啡的流程，第二天早晨就能搭配早餐喝上一杯香浓的咖啡了。

[沐浴期间利用余热烹饪菜品]

我家一般在沐浴过后吃晚餐。我会在沐浴之前将切好的食材放进锅里，每两天做一次味噌汤。一旦汤开始沸腾，就可以关上盖子熄火了。利用锅子和灶台的余热，让味噌汤里的食材变软。在全家人沐浴过后，也就是 1 小时之后，味噌汤即可出锅。沐浴后，我只需要再做一个小菜，就可以和家人一起吃饭啦。

欺骗自己

[粗略记录时间]

3分钟好长啊!

人们对于时间的感觉各不相同。比如，我一听到洗衣服需要花费8分钟时间，便会感觉非常麻烦，浑身没劲。但是，作为一家的女主人，我每天都要为家人洗衣服，不能放任自流。每天洗衣服加上晾晒3个人的衣服需要花费8分钟，为了让自己抛弃“麻烦”的念头，我索性告诉自己只需要5分钟。用四舍五入的方法，即可减轻心理负担。

[粗略打量外观]

即便要洗的餐具分量相同，只要改变摆放到水槽里的方式，就能改变一个人的干劲。就我而言，如果看到餐具乱七八糟地放在水

整齐
→增加动力

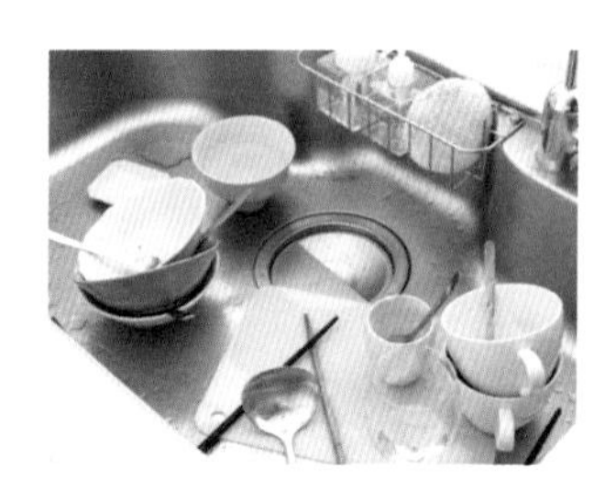

乱糟糟
→减少动力

槽里，一瞬间就失去了洗碗的动力。

反之，如果叠放得整整齐齐的，水槽里显得非常宽敞，我的体内便会萌生动力，推动我完美地完成这项家务活。从此我学会了一个道理：人不可以轻视通过视觉获得的信息。

[量力而行]

我在每年的 12 月会取下第二年的日程手账，在 1 月的部分留白，在上面填写 1 个月期间的身体变化。这对于编写日程有很大用处。家务活全年无休，因此在我的身体情况不稳定的时候，不需要勉强自己做家务活。等到身体情况恢复稳定，再按照规划实行。

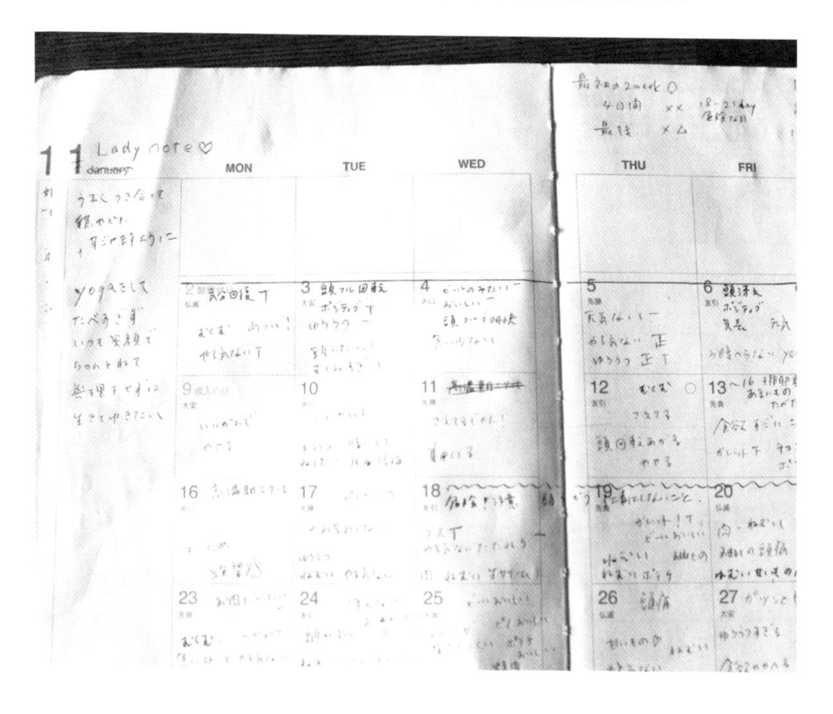

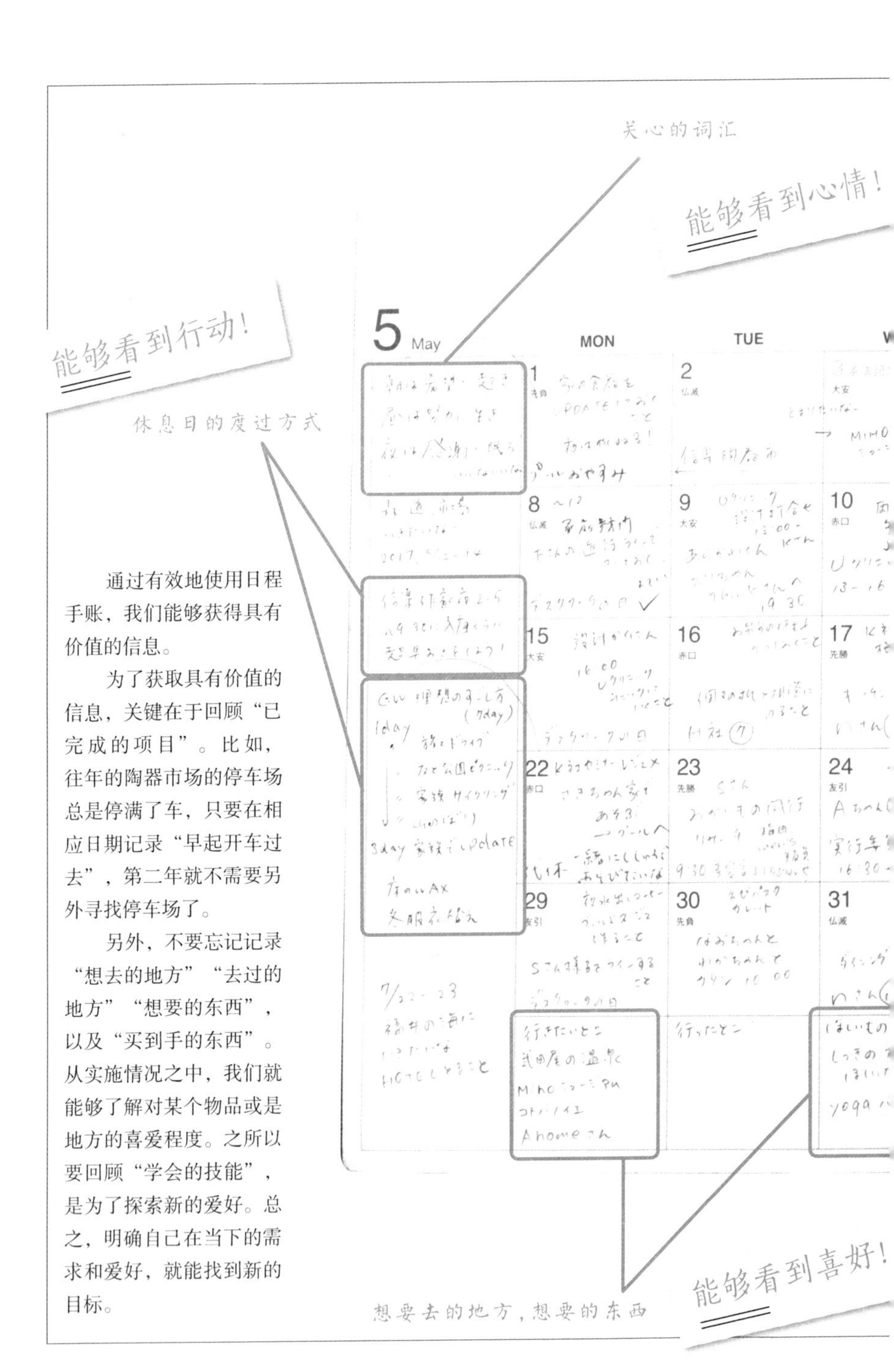

通过有效地使用日程手账，我们能够获得具有价值的信息。

为了获取具有价值的信息，关键在于回顾“已完成的项目”。比如，往年的陶器市场的停车场总是停满了车，只要在相应日期记录“早起开车过去”，第二年就不需要另外寻找停车场了。

另外，不要忘记记录“想去的地方”“去过的地方”“想要的东西”，以及“买到手的东西”。从实施情况之中，我们就能够了解对某个物品或是地方的喜爱程度。之所以要回顾“学会的技能”，是为了探索新的爱好。总之，明确自己在当下的需求和爱好，就能找到新的目标。

Column

回顾过去，提取有用信息！

利用手账总结经验，充实未来

无论是日程手账还是药物手账，我们一定要补充对于『已完成的项目』的感想。通过复习过去做过的事情，提高信息的准确度，就能在下次做得更好。下面向大家介绍我的手账。

日程手账

为了方便修改内容，我一般用铅笔写字。红色文字表示不能更改的安排，蓝字表示可以更改的安排。我会将每年都会做的季节性的家务活转记到第二年的日程手账。

季节性的家务

学会的技能

找到目标！

Column

药物手账

我会在药物手账中记录每一种药的药效，下次生病的时候可以根据这些材料做出判断。看病的时候，我会从挂号收费窗口借一支笔，在发票上记录病名。到了每年年底，我会按照不同的治疗科室，将发票分类整理。只要查看年度医疗费用通知，比如“今年的医疗费主要花在治疗花粉症上面”，就能了解家人的健康状态，提前预防疾病。

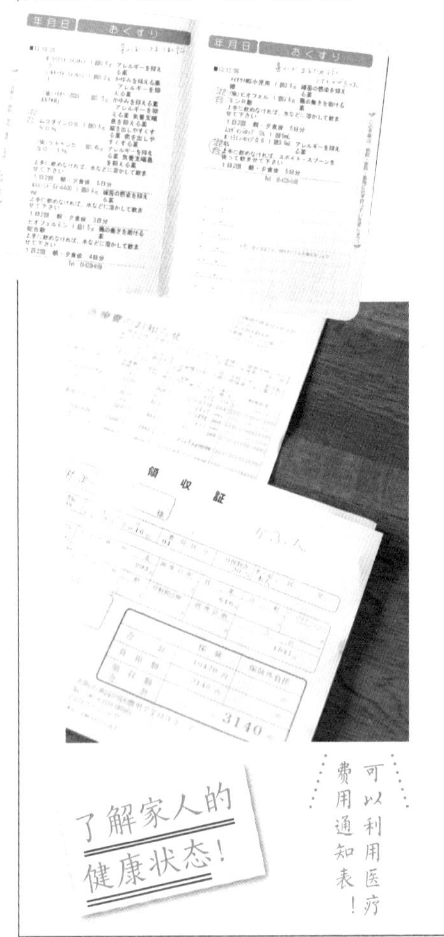

菜单手账

家人的口味会随着时间流逝而发生变化。每次做料理或点心的时候，我会更新这些信息。我会在菜单上记录食物的味道和制作方式的感想，比如“这道菜很甜”,“或许不需要搅拌？”然后，根据家人的反馈，在下一次做出改进。如此一来，当下品尝过的“美味”就能延续下去，并且激起我展露厨艺的欲望。同时还能了解家人的喜好，利用这些有效信息来制作菜谱。

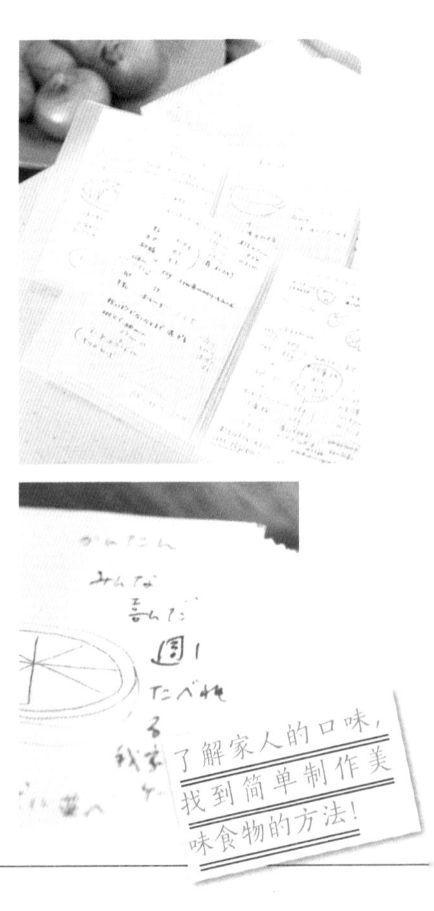

Part 3

挑选中意的服装，取悦自己

穿着搭配

服装是享受当下生活的最佳道具

一件衣服象征着一个时代。穿上属于当今时代的衣服，能够体味到生活在当下的感觉。按照当下的喜好随意挑选服装，你的全身装扮便会染上当下的味道。服装就是如此有趣的道具。开开心心地出门逛街，不妨敞开胸怀试穿各式各样的衣服，一定能找到你所中意的对象。

衣橱里还收着许多没有穿过的衣服？那是因为你非常时髦，而那些衣服都是记录你在这个世界上活过的每分每秒的证据。你善于捕捉生活中的流行趋势，并且具有购买大量衣服的经济实力。这些优点值得称赞。而不再拿出来穿的衣服，就好比味道淡了的茶叶。既然淡到尝不出任何味道，不如干脆地扔掉。因为你已经品尝过美味的茶了，过后自然可以扔掉无法发挥任何作用的茶叶。

只要学会如何按照自己的愿景图（P35~37）挑选服装，你一定能找到真心喜欢的着装方式，享受穿搭带来的乐趣。不要担忧你的品位，也不要在意他人的眼光，你完全可以穿着中意的衣服，到任何地方去见任何人。无拘无束，自由自在。

并且，当你建立起符合自我风格的潮流时，你会受到大家的称赞。比起奉承别人是美人，大部分人更喜欢称赞一个人的穿着打扮非常时髦。获得他人给予的赞赏，一个人能够提升自我肯定感，更加快乐地享受人生。

过去，在我上班的那几年，我用一册速写本记录了每天的着装。我非常喜欢各式各样的衣服，至今为止穿过的衣服超过了1 000件。

[从 5 件服饰的共同点窥见主人的喜好]

❶

线条流畅

制作精良，一件衣服即可外穿，无需其他搭配。

没有衣领和纽扣

没有多余的装饰，更适合搭配丰富多彩的配饰

采用细编织的材料

哑光质地给人一种精致的印象。

真正的时髦等于忘我

真正的时髦等于忘我——这是我的时尚座右铭。

一旦一身打扮不如人意，出门以后总是会照镜子。不是在暗地里抱怨就是焦虑得东张西望。这种焦躁的态度会使人坐立不安。相反，只要事事如我所料，就能忘却自我，意识到其他人的存在。如此一来，彼此才能顺利交谈，享受共同相处的时光，同时能带给对方安全感。

照片里的5件服饰，正是现在能让我喜欢到忘我的衣物。仔细观察一番，你会发现这些服饰具有一些共同点：线条流畅，没有衣领和扣子，采用细编织的材料等等。从此刻开始，让我们一起学会如何选择黄金服装吧。

“合适”不如“喜欢”

喜欢同合适是两回事——这是永恒的时尚主题。大家要明确，这个世界的主角是人而不是衣服。没有不合适的衣服，只有你不喜欢的衣服。下面，让我们一起来选择自己中意的衣服吧。

在衣橱里摆满中意的衣服，为此我们有必要搜寻黄金服装。首先，请制作一张属于你自己的服装愿景图（P35~37）。完成图表之后，你会从地图上找到中意的服装款式。在这个步骤，你不要考虑现有的服装或是身材体形，你只需要按照愿景图寻找合适的目标。我认为时尚之所以宝贵，是因为追逐时尚的人会因追求美丽而变得更加优秀。

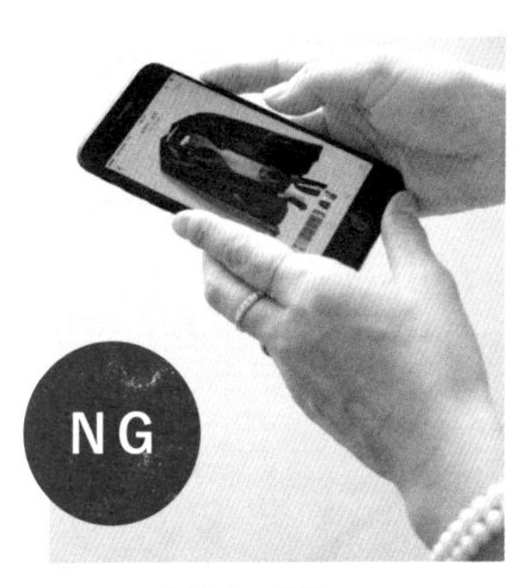

不要和现有的衣服做搭配

挑选服装时，不要下意识地考虑如何搭配，那样会让你远离真心喜欢的对象

这是我的 2017 年的愿景图。我所负责的收纳整理服务，包括分析愿景图以及制作色彩图。

能缠在腰上带回家吗？

如果你觉得一件衣服“很可爱”，请将它缠在腰上（或者披在肩上）。倘若一件衣服能按照这个方法搭配得漂亮，那么这件衣服就是所谓的黄金选项。我们在逛街的时候一般会穿上中意的衣服。一件衣服能缠在腰上且没有任何违和感，就能证明它适合搭配今天的服装。

封印对体型的自卑感

为了遮挡自卑而挑选并不那么中意的衣服，实在是无聊至极。女人到了不惑之年，不会再追求 20 岁年轻女子所拥有的紧致臀部曲线，因此没有必要追求完美。不要向自己妥协，尽情地追逐你所喜欢的时髦吧。

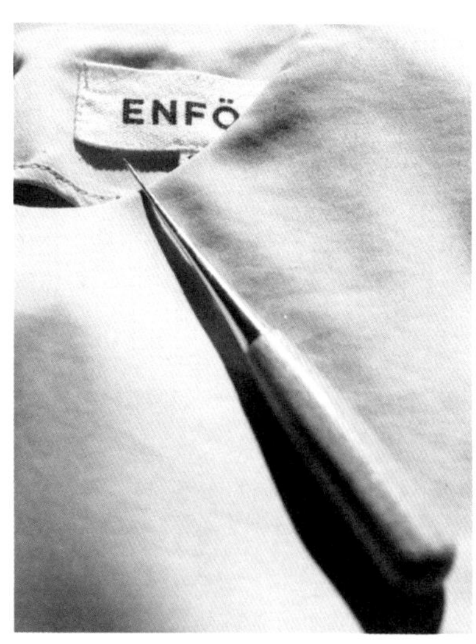

没必要留下标签吧？

你所追求的是品牌的影响力？还是服装本身？如果你是真心喜欢这件衣服，随时都能扔掉品牌标签。扔不掉的话就说明你的“喜欢”是虚伪的。

搜寻黄金选项的购物技巧

去店里买衣服的时候，一般人都会穿上中意的衣服。总之，当我们穿上现有的最时髦的衣服去逛街，搜寻到的与之搭配协调的衣服即为黄金选项。

在店里找到喜欢的衣服之后，我们必定要试穿。打造时髦的装扮，讲究的是尺寸是否合适。在这里，请大家舍弃大部分女性持有的“M号信仰”，尽情尝试不同尺寸的衣服吧。

不完全合身也没关系，你喜欢的才是最好的。比如，当下流行的超大尺寸衣服，虽然不太合身，但正是由于衣服尺寸大，才能显得人个子小，遮住脖子的高领将人衬托得非常可爱。像这样不断尝试多种款式的服装，就能找到属于你的黄金搭配。

从店里走出去吧！

走出试衣间，穿上鞋子，走到距离镜子3米以上的地方，观察全身。如果店家规定不能走出店面，在店里多走几圈也无妨。一边走动一边确认衣服的舒适度。比如，行走的过程中裙子是否会往上卷起来。

以退货为前提进行网购

网购衣服的缺点在于不能试穿，所以我会挑选能够退货的网站购物。这时，同一件衣服我会买回不同尺寸和颜色的款式，在家里试穿。退货时花费的邮寄费可当作交通费。

打扮时髦再出发！

衣服、鞋子、包包、首饰……穿上现有的黄金搭配，出去购物。

看透一个店员是否可靠的方法

当我正在认真地挑选衣服的时候，店员若是随便向我搭话，我不会认为这个人在为客人服务。因此，对于那些默默地在一旁等候着你，当你需要帮助的时候帮你解决问题的人才是真正值得信任的。

你真的是 9 号，M 尺寸吗?

即便你是中等身材，也不要认定自己一定适合 9 号或是 M 尺寸。不妨随意尝试 S~L 尺寸的款式。尤其是上衣，尺寸不同给人的印象也是完全不同的。另外，还可以尝试男式服装或是童装。

凭一时冲动买来的衣服……

如果是为了奖励自己或是发泄压力，冲动购物也未尝不可。但是，若是在回家以后试穿，发现自己并不喜欢，不妨像撕掉没有中奖的奖券一样直接将衣服扔进垃圾桶。

在精神饱满，时间充足的时候添置新衣

添置衣物是件辛苦的工作。要想买到一件合适的衣服，需要试穿各种尺寸以及各种颜色的款式，才有可能找到满意的那一件。建议大家在身心健康，时间充足的情况下，鼓足干劲买买买。

改变造型，将中意的衣服穿得合体

“虽然喜欢这件衣服，但是感觉我穿着不合适……”没关系！此刻我们可以改变服装的造型。布制衣服非常柔软，我们可以通过折叠、卷起、抓捏、打结等方式，轻松地打造合身的装扮。

下面用我自己来举例子。我个子矮，手脚也比较短。因此，我经常将上衣扎进下装里面。当下流行的造型正是将上衣随意塞进裤子里，拉高身材重心，提升腰线，拉长腿部比例。另外，我们还可以特意露出身体中相对比较纤细的部位，比如手腕和脚腕，营造自

露出手腕

长袖凸显手臂短小，使得整体搭配看起来非常土气……不妨卷起袖子露出手臂，在视觉印象上拉长手臂。衣着得体，则能打造良好的第一印象。另外，我会戴上比较大的手环，衬托手臂纤细。

之前

之后

衣服扎进裤腰里

若是直接穿上套头衫，将衣服下摆全部露出来，给人的印象便是一个毫无曲线的水桶……而若是将上衣的下摆随意扎进裤子里，就能显得腰身纤细。此外，提高身体重心，还能实现拉长腿的效果。

之前

之后

然而柔和的感觉。改变形象就是如此的简单！

不是穿上衣服就完成了打扮的任务，关键是要打造适合自己的造型。为此我们需要确保充足的准备时间。

胸口部分颜色重叠

如果你的上衣的颜色属于暗色系，衬得脸色暗淡。这时，你只需在里面增添一件白色背心或衬衫，就能显得张弛有度。并且，白色还有反光作用，能照亮脸部周围的肌肤。

之前

之后

露出脚踝

要拉长腿部线条，将牛仔裤的裤腿完全放下来的话会造成反效果。不如将裤脚卷起来，稍微露出一点儿脚踝，营造自然而柔和的感觉的同时达到拉长腿的效果。露脚踝可是当下的流行趋势哦。

之前

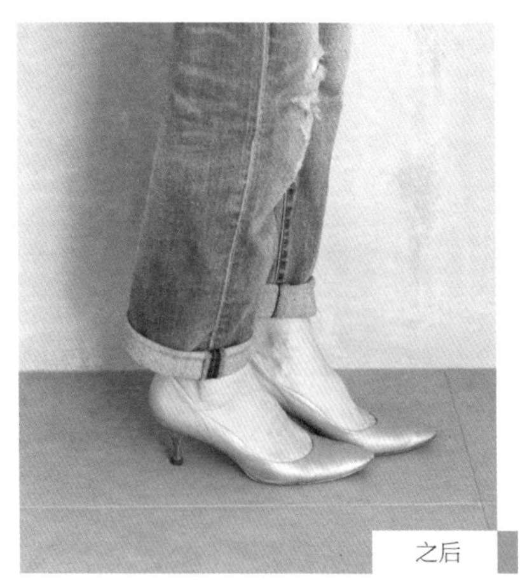
之后

时髦讲究平衡

如果衣橱里的衣服全都是黄金选项，早晨挑选衣服的时候就不会犹豫不决了。因为无论选哪件都符合自己的喜好。选好衣服之后，接下来只需要搭配合适的鞋子和包包。

尽管如此，全身搭配比选择衣服更重要。如果你的衣橱上面没有安装全身镜，请马上购置一件。因为，要打造时髦的着装，关键在于保持上下装的整体平衡。

TPO，即时间、地点、目的。这三大元素构成了挑选服饰的必要条件。请认真在脑中描绘你即将要见的人以及前往的地点。除了精致的妆容以外，我们还要选择合适的内衣、鞋子，佩戴好精美的饰品，背上与气氛相宜的包包。完成全身的着装打扮之后，我们可以稍微离镜子远一些，观察全身上下的搭配是否协调。

在衣橱里铺上厚纸板

将厚纸板的底板（瓦楞纸板）取下来，放到衣橱抽屉的盒子上面。有了隔离，需要穿鞋子的时候就能轻松地取出来，同时不会碰撞到其他鞋子。

穿鞋子

站在镜子前面，在地上放置一些硬纸板垫着你将要试穿的鞋子。将不确定是否合适的鞋子分别穿上一只脚。接下来，将其中一只脚往后抬起，检查全身搭配是否平衡。请注意将其他鞋子放在镜子照不到的位置，让它们淡出视线。

带妆状态

没有精致的妆容衬托，无论多么漂亮的衣服看起来也会显得土气。化妆以及打造发型都是必备功课。如果你是近视，化好妆之后还需要戴上隐形眼镜或框架眼镜。倘若早晨没有足够的整装时间，不妨在前一天回家之后做好准备。

准备一块简单的穿衣镜

我推荐的镜子不需要华丽的设计，长度足以映出全身即可。若是镜子上有装饰物，便会将镜子里的我衬托得比平时更可爱。这是欺骗自己的眼睛的行为，并不可取。并且，我建议大家不要买立式镜子，没必要通过镜子的角度拉长腿部。相比之下，壁挂式镜子更为合适。

距离镜子 3 米远

人一般会站在 3~5 米远的地方评判别人的服装。观察全身的搭配是否合适，请走到距离镜子 3 米远的地方。顺便一提，我的镜子放在房间最里面的位置。

佩戴首饰，手提包包

时髦的装扮不可缺少首饰和包包。佩戴首饰，提起包包，重现外出的形象。面朝全身镜，重新判断一身装扮是否符合 TPO。另外，我会准备一条绳子，用于调整服饰的造型。

“好东西要长久地用下去”是一种陷阱

正如各大品牌以及知名设计师在世界各地开展的时装大会一样，只有与时俱进，追逐当下的潮流才具有意义。“好东西要长久地用下去”——一旦认同这类陈旧的思想，人类将会变成物品的附属品，被物品牵着鼻子走。光是想想都觉得可怕。

例如，我有一件价格昂贵的名牌高级针织衫。我想要收回这件衣服的成本，那么我必定要经常穿着。然而，随着时间流逝，我对这件衣服的感情也会变得淡薄。由于价格昂贵，我不舍得扔掉衣服。此时，我的问题不在于经常穿这件衣服，而是在于已经不喜欢了却仍然要继续穿的事实。如果这件衣服不能让自己产生欢欣雀跃的心情，就此放手也无妨。

同理，不要因为一件衣服是常规款式就放心买下来。所谓的常规款式，是由时尚人士或意见领袖——也就是别人创造的。那些常规款式是别人的“常规”，而不是你的“常规”。真正的“常规服装”，是你喜爱的，时时刻刻想要穿着出门的衣服。希望大家能够运用我的经验，拥有属于自己的常规服装。

站在穿着单价的角度，分析一件衣服的价值

假设我看中了一条2万日元的裙子。但由于超过了预算价格，我最终选择了一条挂在一旁的百搭的裙子，售价为3900日元。在这种情况下，哪条裙子更贵呢。下面，我们用穿着单价（平均每次穿它的价格）来做比较。

我特别喜欢这条价值2万日元的裙子，所以经常拿出来穿。工作日穿1次，休息日穿1次，每个月合计穿8次。假设2年穿192次，1次大约花费100日元。另一方面，花3 900日元购置的裙子，并没有那么喜欢，所以只穿了1次，穿着单价为3 900日元。我们明显可以看到后者的单价更高。

并且，当我购买了中意的裙子（价值2万日元），我持续穿了2年，在此期间我的装扮优雅动人，处处受人称赞。反之，当我舍弃真爱取其次，每次一打开衣橱，看到3 900日元的裙子，便会徒然感慨：“我怎么买了这种没品位的东西呢？”购物时毫不犹豫地选择黄金选项，结果能使商品的穿着单价变得更便宜，最终达到省钱的目的。

派对礼服的穿着单价

因为要参加派对，所以应该豁出去？
⇓
既然要花5万日元买一件衣服，索性选择不迎合当下潮流的黑色吧
⇓
感觉不太好看，失去兴趣
⇓
很难有再穿的机会
⇓
穿着单价1次要花5万日元
⇓
衣服太昂贵，不舍得扔掉，压迫衣橱空间
⇓
我为什么买了这种劳什子！

鞋子是一种道具，应当配合 *TPO* 穿搭

冬季的鞋子

这双靴子的造型非常有趣，千鸟格是用纺织物制成的。靴子本身具有一定的厚重感，冬天穿的衣服大都是暗色的，这双鞋子恰好能营造活泼的气氛。

用于派对

这双高跟鞋带有踝带，特别适合正式场合穿着。鞋子的颜色与肤色相近，比黑色的鞋子更百搭。

工作和外出都合适

这双尖头鞋由粉色皮革与麻布的搭配而成。名媛风十足，穿着这双鞋去任何地方都如同量身打造一般合适。

鞋子既是服装搭配用品，也是一种道具。挑选鞋子的方法，可以参考剪东西速度快的剪刀，不会露出肩部布料的衣架。

由于鞋子的功能比外观设计更重要，所以我会花费大量时间慎重考虑。同时，因为它是一种道具，所以我们需要根据它的用途来购买合适的款式。例如，用于上班、参加派对、抵御寒冷……

鞋子和衣服以及包包不同，一旦穿上不合脚的鞋子走路，脚会痛到无法正常行走。对此，我一贯的主张兼理想便是——为了享受当下的生活，平时经常穿的轻便女鞋必须定做。

决一胜负的鞋子

这双鞋是定做的，尺寸和设计都特别适合我。这双鞋子特别舒适，以至于能让我达到忘我的境界，所以我将它放在了最重要的位置。

追逐当下的潮流

20 世纪 80 年代风格的设计，对于生活在当代的我来说倍感新鲜。这类古着能让我打扮得轻松随意一些，也可以用于拓宽穿衣风格的样式。

用于下雨天

雨鞋可以用来享受雨天，在梅雨季节能派上用场。这双雨鞋的造型看起来很像室内鞋，适合在积水较浅的平地行走，同时在提醒你不要踩到积水深处。

包包展示独特个性

包包相比服装更能展示一个人的个性，且具有把玩的价值。比如，相比具有华丽色彩，较重的皮革制包包，我更喜欢喜欢如画一般静静地躺在一旁的包包。

购买包包的时候需要注意的是高端品牌出品的流行商品。假设我买了一条最高级的金枪鱼，新鲜的时候味道非常鲜美，而一旦过了保质期，便完全不能食用了。买包也是同样的道理。真正喜欢的话，买到手以后一定要经常使用。但是，由于一个包的保质期非常短暂，失去新鲜度之后可以立刻舍弃。

如果因为“买了流行的商品很显眼”，认为这种商品可以用上10年，索性购买同品牌的常规商品——这种做法是错误的。你若不是真心喜欢一件物品，无论怎么用也不会产生雀跃欢欣的情绪，同时却因为价格昂贵而舍不得丢弃，容易造成压箱底的问题。

天下女性都喜欢包，对这种商品有着特别的迷恋。正因如此，请大家务必找出中意物品的共同点，以便从众多选项之中找出黄金选项。

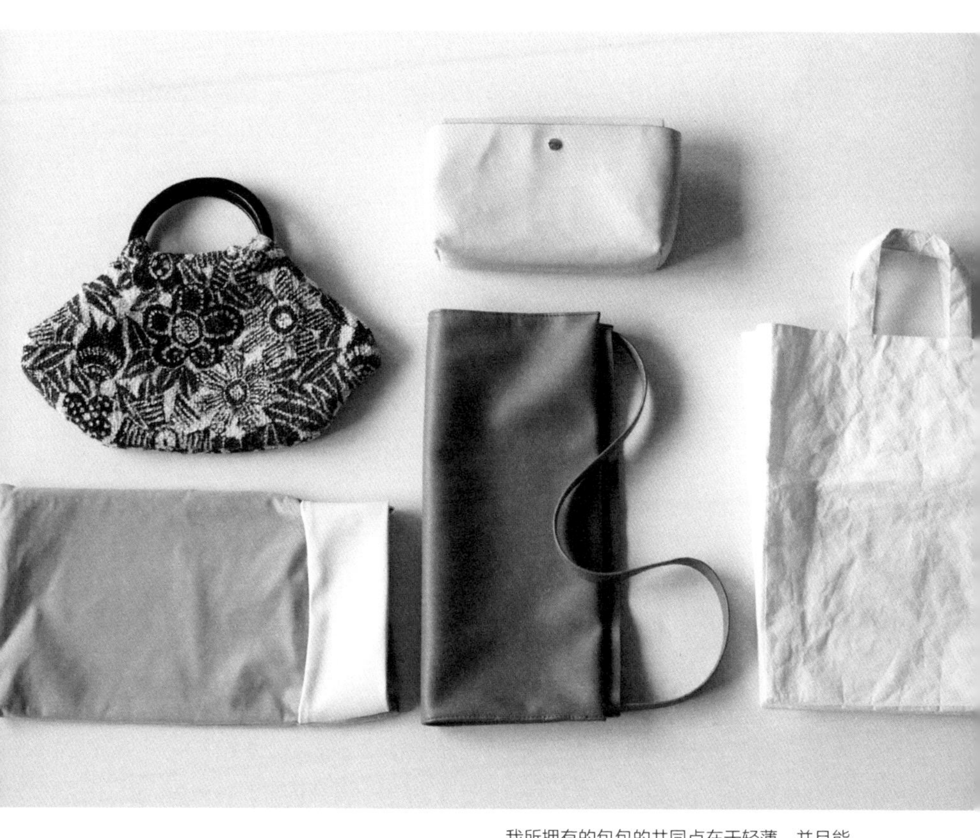

我所拥有的包包的共同点在于轻薄，并且能让我感受到乐趣。

精选首饰，获取朝气

我非常珍惜每一件首饰，因为我认为首饰是一种能够让我产生动力的护身符。

首饰的挑选方法和服装相同，按照自己的愿景图去寻找合适的对象，并进一步鼓励自己，找到那件属于自己的最特别的物品。首饰盒里若是有不喜欢的东西，请立刻扔掉，保证盒子里装满中意的首饰。如此一来，当你每次打开首饰盒，必定会发出“好漂亮！”的赞叹，从中获取朝气。

在盒子里铺上一层海绵，将首饰取下来直接放进去，就能非常轻松地得出搭配方案。每当我挑选饰品时，我一定会根据共同点——独特、纤细，找到我所中意的款式。

手工制作毛毡耳环收纳盒

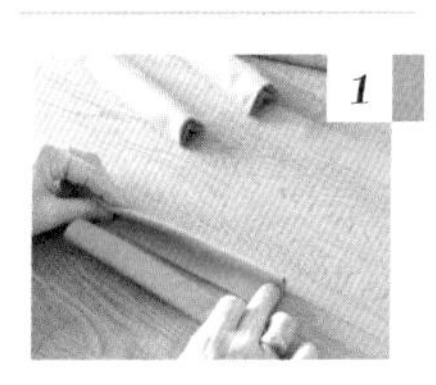

制作基底

将毛毡裁剪成盒子宽度大小，然后折起两侧形成小山的形状。根据需要收纳的数量制作支架。

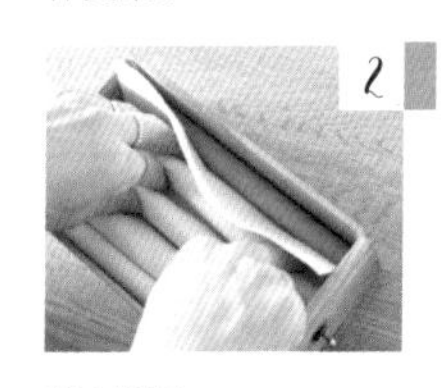

盖上罩子

在盒子里摆放好在第 1 步完成的基底，在上面罩上白色的毛毡。用手指挤压白色毛毡与蓝色毛毡，使其合为一体。

采用海绵，便可自由摆放饰品！

挑选黄金选项的服饰整理技巧

Step 1　把握衣服的数量

首先要做的是热身体操。请估算你的起居室里面分别有多少件半身裙、裤子、连衣裙。然后，按照用途和种类，估算每种类型的衣服应有的数量。

写完之后，拿着一览表打开衣橱。依次计算每种服饰的数量，填完整张表。如果你的估算数量和实际数量之间存在较大差距，说明你需要清理衣服了。接下来，做好大扫除的心理准备吧。

统计数量

	估算	适当的数量	实际数量
半身裙	4	4	3
裤子	5	5	10
连衣裙	8	5	10

我们可以通过回顾至今为止的生活方式，算出某种服饰的应有数量。比如冬季穿的大衣。我一般会穿 1 件羊毛大衣上班，去公园陪孩子玩耍则要换一身羽绒服。加起来等于两件。

Step 2 将衣服全部摊到床上

将晒衣杆上以及抽屉里的衣服全部取出来，集中铺到床上。用你的眼睛计算衣服的总数。当你目睹堆积如山的衣服时，你一定会目瞪口呆。对此，我有话要说：“我们只有一个身体”。看到成堆的衣服，我会不禁发笑，“我是打算开一间服装店吗？”

Step 3 挑选中意的服装

请从成堆的衣服里面挑出最中意的对象。一般人不会让自己喜欢的衣服变得皱巴巴的，所以应该能迅速挑出来。首先将这些衣服放回衣橱。以我个人的经验来看，一个人特别中意的衣服大概只有5~15件左右。有趣的是，人在挑选中意的衣服的时候会不发一言。

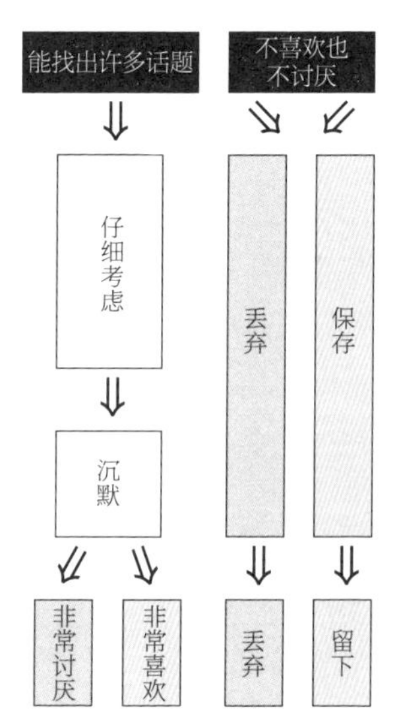

反倒是面对不想要的衣服时，才能找出大量理由用来留住它们。

Step 4 仔细考虑犹豫不决的衣服

整理衣服的动作一旦停下来，就要按照步骤 3 的方法寻找你所中意的服饰的共同点。首先明确自己心中的黄金选项，用剩余的衣服与之对比，挑选次之的选项。比如，我有许多带有横条纹的衣服，并且都有饰边。结果我在第二轮选拔赛中挑选的全是相似的服装。这样的选择无疑是无效的，请抽出一部分黄金选项放回衣橱。

Step 5 超过保存期限即可舍弃

对于那些不确定是否应该舍弃的衣服，不妨将它们塞进垃圾袋，放到平时不用的房间或是枕头架子上保存起来。接下来，我们要确定保存期限，将关键的日期分别记录到垃圾袋和日程手账。到期之前，若是你想起某一件衣服，打开看看也无妨；但如果你根本没有发现已经超过了保存期限，直接丢弃也无妨。在不断进行此项工作的过程中，衣橱里面所有衣服都将变成黄金选项。

用日程手账记录关键时间

利用第二年 1 月的空白部分，记录丢弃衣服的期限。当你开始使用新一年的手账，则要将新的一年的保存期限誊写过去。

学习美术馆的收纳方法，了解何谓“舍弃”

我的衣橱里只收纳着按照 P151~153 的顺序整理的黄金服饰。黄金选项比较少，大约只有 5~15 件。无论你的衣橱多么小，收纳黄金选项完全不成问题。不妨像摆放艺术品一样，给黄金选项之间保持宽松的间距吧。看着排列得整整齐齐的服饰便会怦然心动，积极而快乐的情绪将会推动你将自己打扮得更漂亮。

整理好衣橱里的衣服之后，请随意购买新衣服。假设你购买的新衣服不是黄金选项，而是镀金选项。当你将这件衣服收进衣橱，让它和黄金选项并列展示，凸显镀金的缺点。于是，你每次打开衣橱的门就会心情低落，直到有一天，你会如梦初醒般地发现“这件衣服不是我想要的”，而将它从衣橱里放逐出去。只要体会一次这种闷闷不乐的情绪，你便不会再随便买衣服，并且会逐渐失去购买欲。最终，无论你逛多少家服装店也找不到满意的选项，认为专属于自己的精品店 = 衣橱才是完美无缺的。

按颜色区分衣服，按照颜色的渐变顺序摆放衣服。一旦“镶金”的衣服进入整洁漂亮的衣橱，一眼便可分辨出来。

[驱逐“镀金选项”的方法]

一旦黄金选项之中掺杂了镀金选项，请通过驱逐的方法将衣橱更新到理想状态。

为了避免乱买衣服，请经常重新评估衣橱里的衣服，保留黄金选项，舍弃镀金选项。

穿过一次的衣服放回右侧空间

一件衣服一旦穿过一次，我必定会将它们放回衣橱的右侧。同理，洗干净的衣服也要放到右侧。于是，右侧空间挂满了因为喜欢而经常穿的衣服，一眼便可知这些衣服属于黄金选项。

往左侧累积废物候选者

持续按照步骤 1 操作一段时间之后，我们会发现较少穿着的衣服会聚集到左侧。这些衣服属于镀金选项，因此要按照 P151~P153 的步骤 4 的方法着手进行整理。

不要舍弃中意的物品，换一种方式利用

如何利用被压箱底的黄金服饰的方法

女式衬衫

将衣服披在肩上，取代传统披肩

这是一件圆点花纹的女式衬衫。通过裁剪及缝纫等工序，将牛仔布的休闲搭配提升一个档次。披在肩上，用袖子随意打个结。最后，调整外观形式直至满意。

包

折成2半，当作手包

只需要稍微花点心思改变提包的方式，老式包包也能赶上潮流。不需要用手提或挂在肩膀上，轻松地夹在手臂和身体之间即可。设计的要点在于将包折叠起来，打造手包的风格。

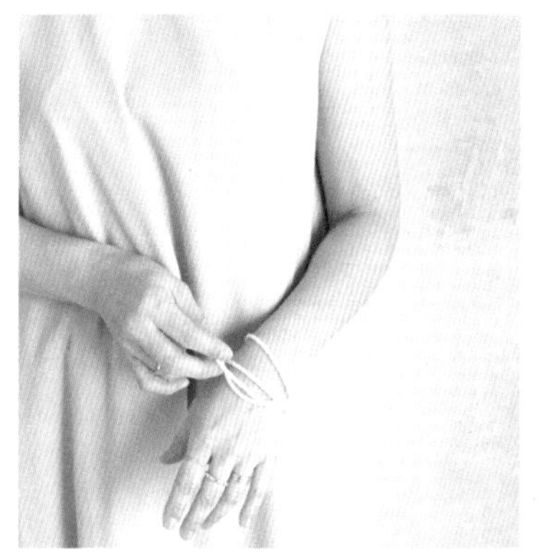

绕在手腕上当作手环

这是一条适合在正式场合佩戴的珍珠项链。我将项链卷在手腕上，搭配平时穿的衣服。自然显露珍珠的美丽光泽，散发女人味。

项链

垂直多层重叠，只露出衣服下摆

一件花纹分明的条纹衫特别适合多层重叠的风格。只露出衣服下摆，营造层次感，在视觉上增加腰身长度。同时对单色服饰起到了点缀作用。

条纹针织衫

挂在包上，形成反差色

挑选颜色美丽的披肩，与全身服装形成反差色。将披肩随意挂在包上，就能打造华丽的形象。在连衣裙的下方搭配高跟鞋，以便提高身体重心，拉长腿部曲线。

披肩

缠绕在发间，变身为头带

迎合当下的潮流，与其将丝巾装饰脖子，不如缠绕在头上，摇身一变成为发带。将围巾叠成细细一条，从后脑勺往前随意一绕，打上结就变成了头带。这时，我们需要选择与围巾同色系的上衣，给人留下清爽的印象。除了头带之外，还可以用作腰带。

围巾

填满衣橱 80% 的空间，用剩余空间更新服饰

公开我家的衣橱！

将一根衣柜挂衣杆穿过多个挂衣柜，分别固定在左右两边的墙壁上。由于没有任何遮挡，方便我们从正面挑选服饰。挂衣柜的面积为 4.47 ㎡。前面我在 P56 介绍过的抽屉，分别是由深度 18cm 和 23cm 的抽屉组成的。这个区域收纳着我们一家三口人的衣服。

如果有客人需要重新设计衣橱，在动工之前，我会提前了解客人的具体需求，并且帮忙整理现有的衣服。“衣橱越大越好”的固定观念已经落后于时代，并且不能满足我们的需求了。为了彻底摒弃这种观念，当我为客人整理好衣服，我会将人们原本认为“狭窄”的空间扩充到“刚刚合适”。

衣服是陪伴一个人舒适地度过一整年的道具，而衣橱是保管服

装的地方。无论是寒冷的冬天，炎热的夏天，还是匆忙的早晨，拖着疲惫的身体晚归的夜里……衣橱总是在默默地守护着我们。因此，我想要将衣帽间打造成一个能够轻松管理服装，支撑家人生活的房间。衣橱一旦变得乱糟糟的，我们也没有心情精心打扮了。

为此，我们首先要确保我们的衣服能够并且只能填满衣橱的80%空间。随时敞开衣橱的大门，按照前面的方法区分黄金选项和不常穿的衣服。像这样经常更新衣橱里的衣服，就能实现这个目标。只要衣橱里有多余空间，就能顺畅地取放衣服。同时也方便将衣服放回原处，打造整洁而干净的环境。

轻松管理衣物的衣橱收纳技巧

Step 1 购齐衣架

衣服虽然是消耗品，但是衣架可以用一辈子。挑选优质衣架，配备一家三口所需的数量吧。我家不论男女都在用宽度为 36cm 的衣架。衣架本身比较小，所以衣服在晒干之后不会留下痕迹。另外，我们尽量在晒衣时使用衣架，晒干之后不需要花费多余精力叠衣服。顺手挂在衣橱里，轻松又整洁。

无需花时间更换衣架

晒上衣的时候，我会直接使用衣橱里的衣架。衣服晾干后，直接收进衣橱，不需要另外花费时间更换衣架重新挂衣服。并且可以有效避免和“等待晒干”的衣服混杂到一起。

方便搭配

用重叠的方式露出衣服下摆，看着下摆就能找到适合搭配夹克衫的内搭。添置足够多的衣架，在衣橱里挂起每一件你所中意的衣服，就能迅速决定搭配方式。避免在堆积如山的衣服里面挑选对象。

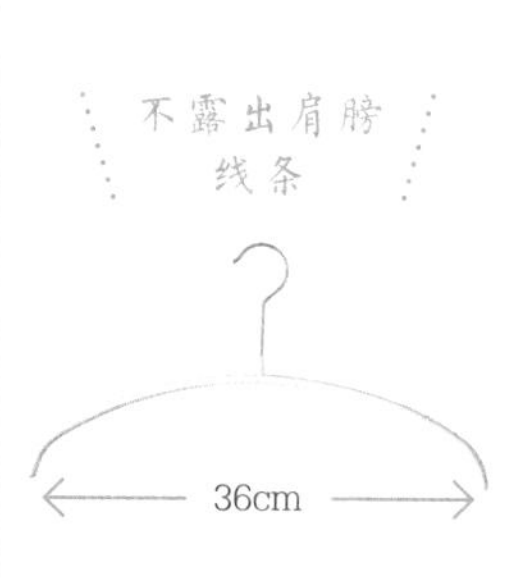

36cm 的宽度适合女性的肩宽。

Step 2 露出衣服的花纹

衣服分为非当季和当季两种，为了方便，我们需要采用不同的收纳方式。如果想要更多地收纳一些非当季衣服，就要折叠起来收纳。一年只需要取放一次，所以不会花费太多时间。堆放的时候露出衣服的花纹，从上方俯视便能一目了然。

将衣服的正面翻出来

迅速获取需要添置的衣物信息

露出衣服的前身，一件件折叠好并排摆放收进衣橱，从上方就能看清楚哪种款式的衣服有几件。换季时，用手机拍下现有的衣服作为参考，避免重复添置类似的款式。

Step 3 根据时间和场合搭配着装

像内衣和家居服等每天都会穿的衣服，我会按照与之匹配的时间和场合，分类收纳到不同地方。

例如，出差或是旅行之前，我会把内衣和内搭以及袜子放在一个地方。如此一来，当我正在挑选衣服，或是将洗干净的衣服收进衣橱的时候，不需要打开许多个抽屉翻找。因为我知道哪一类服饰放在哪个位置。此外，我认为不需要拘泥细节，比如内衣一定要和内衣放在一起，内衣和内裤等贴身服饰完全可以放在一块儿。

外出时需要准备的服饰

内衣、紧身裤、胸罩，是我每天必备的服饰。将这些外出时要穿的衣物放进同一个抽屉，便于我们在匆忙的早晨能够迅速整装出发。到了寒冷的冬季，我们可以把暖炉收进去。

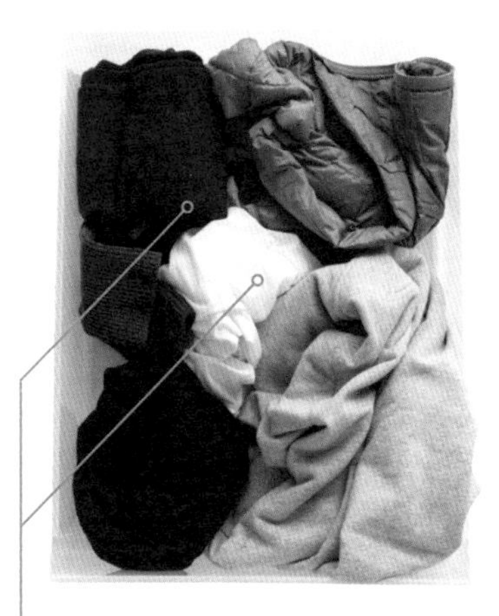

在家里穿的家居服

将回家后穿的家居服整理到一个抽屉里，可以避免因找东西而到处乱翻，同时能方便自己迅速换好衣服。出门的时候，脱下衣服直接塞进去也无妨。

用于正式场合的礼服与配件也要放在一起

一件物品使用的频率越低，我们就越容易忘记它所在的地方。在衣架上挂上珍珠项链，在上衣口袋里收纳连裤袜和小方绸巾。只要提前集齐一整套服饰及配件，我们就能更轻松更顺畅地完成梳妆打扮。

相同物品准备 2 套

我会购买 2 套款式相同的内衣。同时换新的话，不需要花时间区分它们的消耗程度。既然是同时买回来的，自然可以在相同的时间点舍弃。

将旅行用品当作防灾道具

通过『日常备用品』将大事化小，小事化无

我亲身经历过阪神淡路大地震。在那场自然灾害之中，我感受到了灾难越是来得突然，『日常备用品』越是能发挥作用。至于普通的防灾用品，因为我们平时几乎没有使用经验，在惊慌失措的情况下难免会感到忐忑不安，很难在短时间内上手。若是家人因使用不当而引发事故，或许会造成无法挽回的情况。

为了避免引发事故，我家一般使用旅行以及户外用品。只要备齐平时用习惯的物品，无论何时都能安心落意。衣橱的抽屉里保存着家人的旅行和户外用品。其中包括压缩纸巾、牙刷、旅行装护肤品、智能手机充电器、野餐垫、日抛型隐形眼镜、框架眼镜、零钱包等。

用家居服代替避难服

这套冬季家居服包括具有吸湿、发热效果的内搭，以及卫衣和羽绒背心。这套衣服的颜色比较灰暗，走进人群立刻就会被淹没。

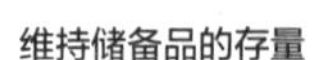

维持储备品的存量

我会准备一些平时经常用到的食品和日用品。我制定了一套循环储备法，确保抽屉里随时能有充足的物资，这些物资也包括在P181~183 介绍的礼物。

Part 4

掌握有效的社交技巧，和“棘手”说再见

人际交往

原谅女性犯下的一切过失

无论受到怎样的对待也要原谅对方——这是我为了与女同胞建立良好的关系而告诫自己的话语。自从拥有了这等觉悟，我自己也变得轻松了。

虽然这是一个无性别歧视的时代，但女性依然属于弱势群体。如果女同胞们不能携手前进，我担心女性在这个社会将会更加难以生存下去。站在相同的立场上，我认为职场的同事和学校的妈妈友都是共同体兼伙伴。彼此共同相处的时间是非常有限的，我希望能在有限的时间里缔造珍贵的友情。

在这个共同体之中，聚集着在各方面拥有不同核心的人，比如家庭构成、经济情况、社会常识等。从我的经验来看，如果与其中一部分人搞好关系，可能会造成场面混乱。女性对于选择和逃避会感到不安。因此，我决定和每个人建立同等的关系。并且，无论我们之间出现任何矛盾，我会坚持选择原谅对方。

为了实现这个目标，首先我会说出对方的一个优点。相反，如果我获得了他人给予的称赞，也要坦率地道谢。彼此接纳，彼此认同，两个人才能建立相互信赖的关系。

能让他人对自己产生好感的谈话技巧

在人际交往的过程之中，相互了解是头等大事。比如，当我看到对方的优点，我会直接表示称赞。这样就能让对方放下戒备，告诉对方“我是站在你这边的哦”。我的这番话能使对方畅所欲言，而我也能无所顾忌地谈天说地。通过聊天了解彼此的性格与喜好，水到渠成地缩短了距离。

与别人交谈时，尽量在句首加上“我”这个主语。这样就能自然而巧妙地表达出自己的想法。并且，努力整理辞藻，使对方理解自己的心情，才能将谈话的核心内容传达给他人。相反，如果用第二人称代词——“你”来展开对话，脱口而出的语句便会顺理成章地变成命令形式，容易导致彼此的关系僵化。

我感觉每一个辞藻都包含着不同的力量，而说话的方式能够体现一个人的本质。说话是一门艺术，每个人都能掌握说话的技巧。只需要使用礼貌的话语，用温柔的语气交谈，就能更轻松地打开彼此的内心。

照片里，我们几个成年人正围坐在棋盘周围，像孩子一样率直地玩游戏。即便是在剑拔弩张的情况下，玩游戏也能有效缓解紧张的气氛。

[称赞一个人，而不是他所持有的物品]

称赞人如同打招呼一样简单，将你在对方身上发现的优点说出来。比如，我们不应该说“那条裙子很漂亮呢”，而是要称赞将裙子穿得很好看的人——“这条裙子很适合你呀”。直率地表达对于一个人的兴趣，能够缩短彼此之间的距离。

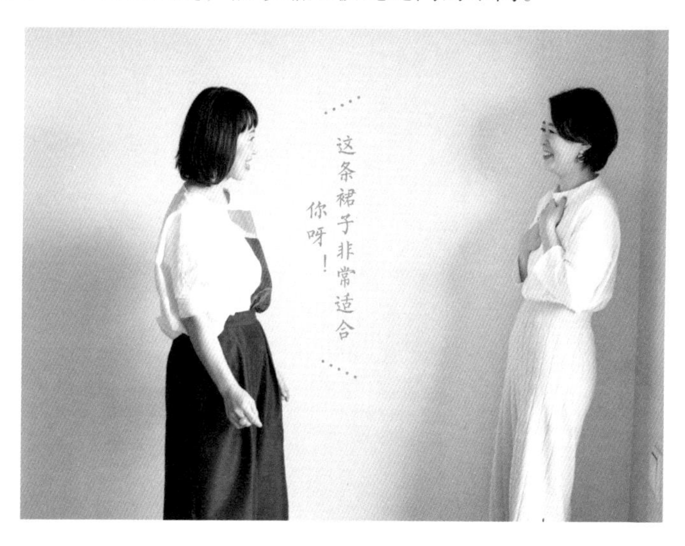

[用“我”做主语展开交谈]

句首用“你”作为主语，难免给人造成一种压迫感；而用“我”来做主语开启话匣子，才能将自己的心情准确地传达给对方。比如，某个约会被对方取消了，我们不应该用抱怨的口气诉苦：“不要取消约好的事情啦！”而要表达因为珍惜友情而失望的情绪：“我期待了好久呀，真是遗憾。”站在他人的立场上，表达自己的情绪，才能让彼此同时拥有好心情。

×你（想怎么样，要干什么）
○我（想怎么样，要干什么）

谈话中的禁忌

吹嘘老家

你的老家和名牌商品一样，可能会造成对方产生反感……

抱怨丈夫或者朋友

与朋友之间需要保持一定的距离，不要翻越雷池。否则可能会搅乱气氛，造成不愉快。

难以启齿的事情

如果你感觉一件事情难以启齿，一旦说出口，你必定会后悔。同时会丢面子，简直得不偿失。

赠人礼物不如赠人机会

赠人礼物是件非常困难的事情。需要了解对方的喜好，搜索合适的商品，偶尔还需要花心思做造型。我不想让对方感到负担，因此对于想要拉近关系的人，我会邀请她们一起吃饭。共同用餐，在用餐期间便可轻松了解对方的人品，一下子拉近彼此之间的距离。

邀请朋友来家里作客，我会提前准备一些常规菜单。有了它们我便能安心待客，没有多余的担忧。每次来家里玩的朋友都不一样，因此没有必要制作太多种类的菜单。

用网络地图搜索餐馆

使用网络地图的标记功能，存储你想去的餐馆以及曾经去过并且值得推荐的餐馆。我在外出就餐时会从中选择一家合适的餐馆，省心又省时。

生火腿，皇后沙拉，西葫芦圈！
将普通的菜品盛在精美的碟子上，
就能营造场面盛大的气氛。

菌菇鲜虾奶油意面

将杏鲍菇切成圆片，同时添加大量配菜，制作一份分量充足的意大利面。首先，用黄油翻炒虾和杏鲍菇，然后依次往锅里加入盐、大蒜，罗勒等配料调味，最后只需要加入生奶油，待到煮沸就可以食用了。我会在烹饪的过程中加入圣女果，打造爽口的滋味。

红豆冰糕

我们需要准备的材料是红豆罐头以及可在常温下保存的豆浆。将比例为 8:2 的红豆和豆浆倒入带有拉链的保存袋里。在袋子里将所有材料搅拌混合，弄平整之后放入冰箱冷冻。等到液体冻成一块块的冰糕，随意折断成小块，盛到容器里即可享用美味。

马铃薯法式薄饼

这道点心的制作过程非常简单，因此可以一边聊天一边制作。首先在锅里倒入橄榄油烧热，然后用切片机将马铃薯切成丝后倒入锅里，用筷子拨平整之后烘烤。适时翻边再烤一会儿，最后撒上盐调味，就可以将香喷喷的薄饼端上桌啦。

用心打造精致的室内装饰，随时准备迎接客人

如果你想改变房间给人的印象，不妨按照愿景图准备一些椅子和灯具。尽管寻找你所中意的物品，无须考虑价格是否超过预算。

椅子具有成品设计的魅力，只需放在那里就可以提高房间的品位。选择一张椅子，需要考虑设计和功能两方面因素。另一方面，如果你家用的是直连型天花板灯，请将它更换为吊灯，灯泡则是采用温暖的橙色。吊灯产生的阴影会给房间增光添彩。

漂亮的椅子和灯具——只要有了这两种道具，就能迅速改变房间的风格，打造迎客的喜悦气氛。

[迎客前的确认事项]

提前确定要做的事情，迎接客人时便不会手忙脚乱。
在手机里记录好每一项任务，以便能够立刻行动起来。

只要确保重点工作准备妥当就行，不必拘泥其他的细节。我会在玄关前深呼吸几次，等待客人的到来。

- ☐ 拖地
- ☐ 打扫洗手间和厕所
- ☐ 撕掉清洁滚轴里面弄脏的纸
- ☐ 扔垃圾
- ☐ 准备好拖鞋
- ☐ 点上熏香
- ☐ 设置音乐重播
- ☐ 提前打开空调，确保室温舒适

Chair

右　吊灯有着长长的电线，看起来仿佛在白色的空间里描绘一幅画。

左上　火焰吊灯看似简单却特别有存在感。点亮灯光，我仿佛置身于梦幻的空间。

左下　窗边的墙上安装了由让•普鲁韦设计的悬臂壁灯。

己所不欲勿施于人

“这些东西是朋友送给我的，所以根本没办法扔掉……”当我从事收纳整理服务而去拜访客户家里的时候，在客户无法扔掉的物品之中，存在着他人赠送的礼物。眼前是成堆的物品，心里思考着接受礼物的人的心情，结果浪费了时间，并且没有完成收纳整理的任务。在从事这项工作的过程中我改变了对于礼物的看法。

过去，我总是会挑选自己喜欢的物品当作礼物送给别人。比如网红店里的知名点心，到货必断货的人气品牌商品……现在想来，我是抱着利己主义的心态，强硬地向对方推销自己喜欢的物品。而那些礼物仿佛在替我发声：“这可是我费尽心思挑选的，具有话题性的时髦礼物哦！”

某一天，家住附近的妈妈友送给我一包咖啡豆。她告诉我，这种咖啡豆虽然便宜，但是味道很棒。如果喜欢这个味道的话，随时都可以去附近的超市购买。不喜欢的话，等到商品过期便可以扔掉。我恍然大悟，后知后觉地发现这才是真心实意的礼物。

“便宜但是好吃”“到处都能买到”。我曾经极力避免与这类事物接触，现在却认为这是能够不给对方增加负担的、魔法般的句子。我能无忧无虑地送礼，同时朋友能够轻松地收礼。这份礼物能增进彼此的友情，并且不会给橱柜增加累赘。

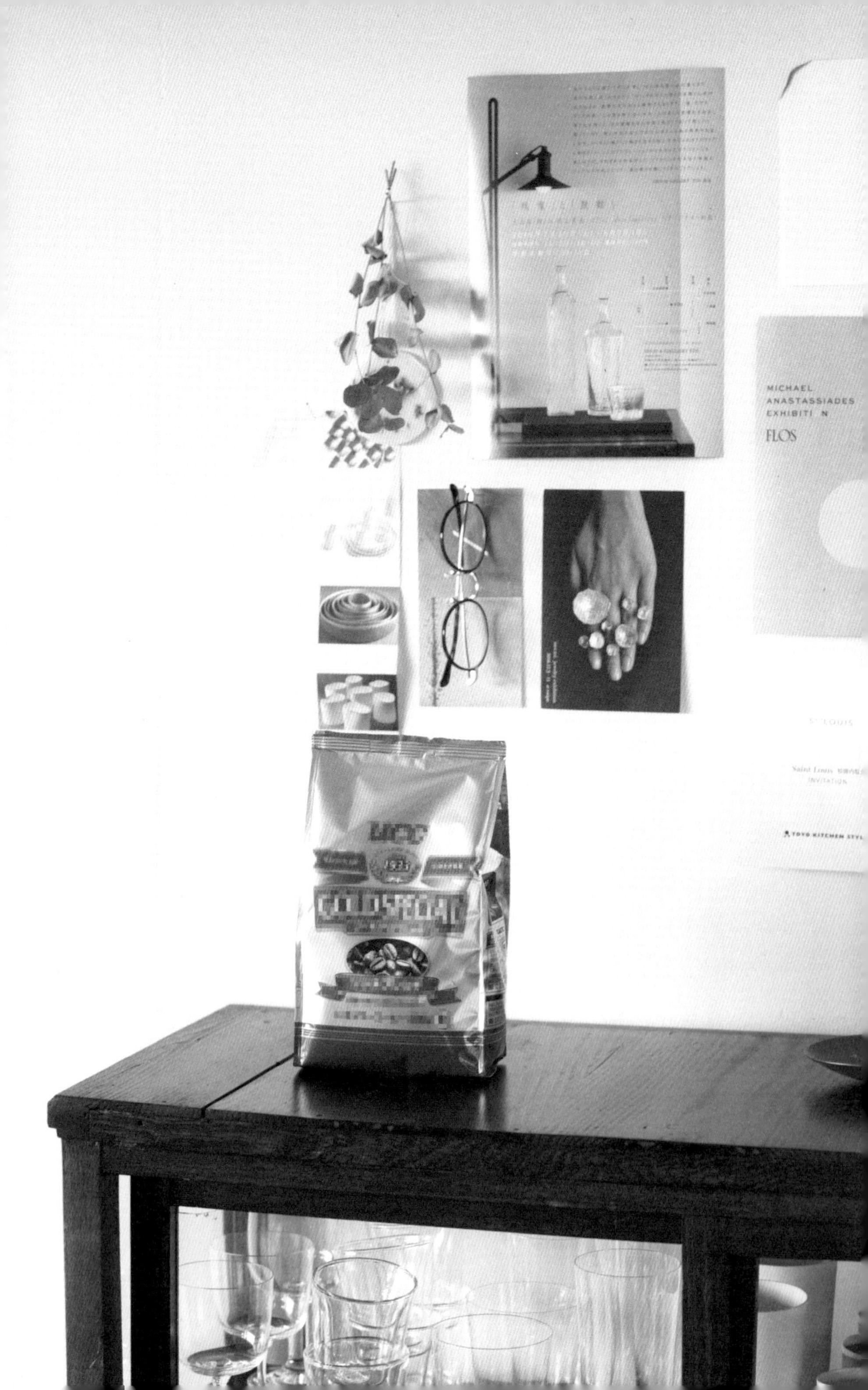
MICHAEL
ANASTASSIADES
EXHIBITI N
FLOS
INVITATION
TOYO KITCHEN STYL

一份不需要回礼的小礼物

我会挑选价值在 500~2 000 日元区间的礼物，以避免给对方造成回礼的负担。

送礼时，我会提供使用方法相关的建议，避免这个礼物变成废品。

起泡酒

咖啡糖

用来代替香槟，度数不高，适合畅饮。

咖啡豆形状的砂糖，能起到在茶话会上拉开话匣子的作用。

马卡龙

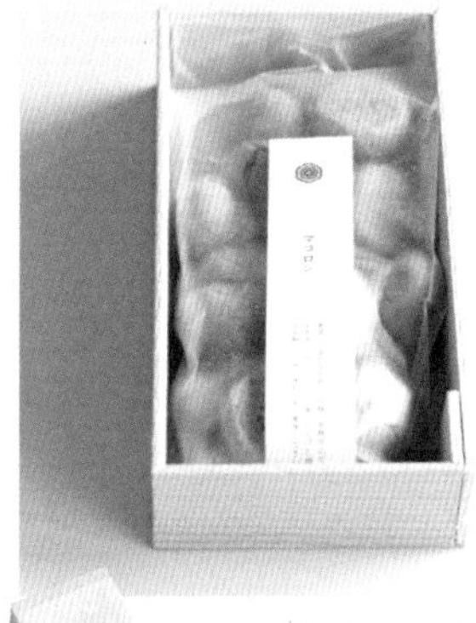

包装可爱而优雅，喜爱甜食的女性在打开的一瞬间会欣喜若狂。

蜂蜜

蜂蜜，原材料新鲜，口感清爽。

牙膏、药物面霜

有机药物乳霜和牙膏。

佩蒂刀

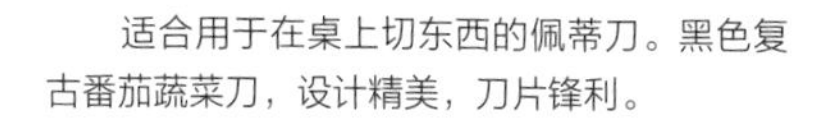

适合用于在桌上切东西的佩蒂刀。黑色复古番茄蔬菜刀，设计精美，刀片锋利。

5 指袜

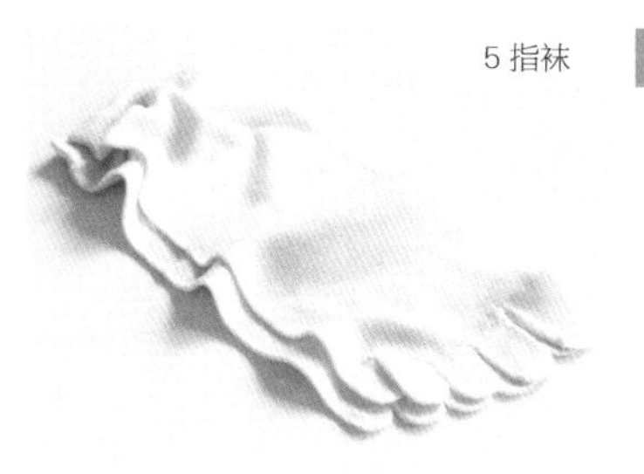

用于足部防寒，面料柔软亲肤。采用 100% 丝绸的 5 指袜。

[纸胶带包装]

写字，卷起来，夹在书或本子里……纸胶带的用途多种多样，可以用来包装礼品，也可以制作一笔笺。使用过后，可以扔掉外包装。

将胶带折叠到信封中，从倾斜的角度拉出顶端不妨。在胶带的顶端位置写上一句祝福语。这种设计非常适合用于装饰感谢信和邀请函。

用复印纸包装礼物，将胶带缠绕在封口打个结。保持纸胶带两端长度不对称，最后在顶端位置写上祝福语。

结束语

我将收纳整理称为“UPDATE”（更新）。

之所以这样命名，是因为这个世界变幻莫测，人类社会瞬息万变。我认为一个人要活得痛快，关键是要珍惜当下的每一分一秒。因此，我会站在当今这个时代的角度，为每一位客人制定合适的收纳整理方案。也就是说，我的工作是为存在于这一刻的你挑选合适的物品、衣服、空间、伴侣。总之，在我看来，收纳整理等于更新，不过是一项整理房间的工程罢了。

在更新的初始阶段，或许你会扔掉不计其数的物品。这是因为，我希望你能够认识一个道理：之所以你拥有数量众多的物质资源，是因为你的生活富足无忧。当你完全理解这个道理所蕴含的意义，你才能心平气和地丢弃东西。

“珍惜物品”是我们的美德。但在此同时，我们生活在物质充足的年代，对我们来说珍惜物品反而可能会给我们增添束缚。过去曾经绽放过魅力的物品也好，或许会在将来派上用场的物品也罢，只要你在当

Canon

下对这些物品失去了感情，随时都可以和它们说再见。我并不是在煽动大家乱扔东西，同时也不会歌颂消费主义。

世界万物的变化造就了时代和人类的变迁，从中我感受到了人生的美好。许许多多的物品不会随着时间流逝而腐烂。我希望大家能将自己当作故事的主人公，而不要将没有任何意义的物品推到镁光灯前。希望大家都能勇敢站起来，扮演人生这台戏的主人公，尽情享受当下的人生。

让我们一同掀起更新的风潮！

希望大家都能享受当下的生活。

原村阳子

图书在版编目（CIP）数据

让心安住，有爱的房子才是家 / (日) 原村阳子著；王歆慧翻译. — 成都：四川科学技术出版社，2019.7
ISBN 978-7-5364-9490-9

Ⅰ. ①让… Ⅱ. ①原… ②王… Ⅲ. ①家庭生活一基本知识 Ⅳ. ①TS976.3

中国版本图书馆CIP数据核字(2019)第122984号

四川省版权局著作权合同登记章　图进字21-2019-221号

让心安住，有爱的房子才是家
RANGXIN ANZHU YOUAI DE FANGZI CAISHIJIA

出　品　人：钱丹凝　　责任编辑：廖羽含　梅　红
著　　　者：[日]原村阳子　　责任出版：欧晓春
译　　　者：王歆慧　　封面设计：仙境设计
出版发行：四川科学技术出版社
地址：成都市槐树街2号　邮政编码：610031
官方微博：http://weibo.com/sckjcbs
官方微信公众号：sckjcbs
传真：028-87734039
成品尺寸：145mm×210mm
印　　张：6
字　　数：120千
印　　刷：天津联城印刷有限公司
版次/印次：2019年8月第1版　2019年8月第1次印刷
定　　价：45.00元

ISBN 978-7-5364-9490-9

本社发行部邮购组地址：四川省成都市槐树街2号
电话：028-87734035　邮政编码：610031